中学数学の解き方を
ひとつひとつわかりやすく。

Gakken

はじめに

　皆さんは，社会科や理科などと同じように「数学は暗記科目」といわれたら意外に思いますか。

　数学には，いろいろな公式や用語が登場します。
　それらをひとつひとつ覚えることはとても大事です。
　しかし，それだけを覚えていても使いこなすことができなければ意味がありません。

　公式や用語を使いこなすためには，「問題の解き方を理解して覚えておくこと」が大事になるのです。

　基本となる問題の解き方を理解し覚えておくことで，同じような問題を解くときに「どこに目をつければいいのか」がわかるようになり，他の問題を解くときに生かすことができるようになるのです。

　この本では，教科書内容レベルから高校入試レベルまで，中学数学で必ず押さえておくべき問題の解き方を，図やイラストをたくさん使って，やさしいことばでわかりやすく説明しています。

　この本を使って，数学が得意になるよう，心から応援しています。

　　　　　　　　　　　　　　　　　　　　　　　　　　学研教育出版

もくじ

数と式　7

- 中1　正負の数 …………… 8
- 中1　文字と式 …………… 30
- 中2　式の計算 …………… 46
- 中3　多項式の計算 ……… 60
- 中3　平方根 ……………… 82

方程式　101

- 中1　1次方程式 ………… 102
- 中2　連立方程式 ………… 112
- 中3　2次方程式 ………… 124

関数　133

- 中1　比例・反比例 ……… 134
- 中2　1次関数 …………… 146
- 中3　関数 $y=ax^2$ ……… 158

図形　169

- 中1　作図 ………………… 170
- 中1　おうぎ形 …………… 176
- 中1　空間図形 …………… 180
- 中2　角 …………………… 192
- 中2　三角形 ……………… 198
- 中2　四角形 ……………… 208
- 中3　相似な図形 ………… 214
- 中3　円 …………………… 224
- 中3　三平方の定理 ……… 232

確率・統計　245

- 中1　資料の整理 ………… 246
- 中2　確率 ………………… 254
- 中3　標本調査 …………… 264

用語さくいん ……………… 266
キーワードさくいん ……… 278

この本の使い方

本書では，中学数学の内容を5つの領域に分け，その中で学年順，学習順に並べてあります。

学習する学年

単元名
項目名

1 問題

中学数学を学習する上でかかすことのできない，重要問題ばかりです。
巻末の「キーワードさくいん」を使えば，知りたい問題をすぐに探すことができます。

2 解くための材料

問題を解くのに使う，数学的な考え方や公式です。
重要な考え方や公式はひとめでわかるようにしてあります。

4 ❶マーク

押さえておいた方がよい公式や用語を，まとめてあります。
しっかり覚えておきましょう。

1次方程式
1 方程式の解き方① 中1

問題 レベル ★☆☆

$6x-5=13$ を解きなさい。

解くための材料

左辺の数の項を右辺に移項する。

解き方

数の項を右辺に移項し，$ax=b$ の形に整理します。

$6x-5=13$
$6x=13+5$ ーー −5を移項
$6x=18$ ーー $ax=b$の形にする
$x=3$ ーー 両辺を6でわる

▶移項とは？
等式の一方の辺にある項を，その符号を変えて，他方の辺に移すことを移項といいます。

等式の性質

$A=B$ ならば，
① $A+C=B+C$
② $A-C=B-C$
③ $A\times C=B\times C$
④ $A\div C=B\div C(C\neq0)$

方程式を解く基本は，等式の性質を使って，方程式をx=数の形に変形することだよ。

▼等式の性質を使った方程式の解き方
$6x-5=13$
$6x-5+5=13+5$ ーー 両辺に5をたす
$6x=18$
$6x\div6=18\div6$ ーー 両辺を6でわる
$x=3$

てんびんのように考えよう！

102

授業の予習や復習でわからない用語があったときには、用語さくいんが使えるね。

1次方程式
2 方程式の解き方②　中1

問題　レベル★★

$8x+3=5x-9$ を解きなさい。

解くための材料

移項 → $ax=b$の形に整理 → 両辺をaでわる。

解き方

数の項を右辺に、文字の項を左辺に移項し、$ax=b$の形に整理します。

$8x+3=5x-9$
$8x-5x=-9-3$ 　+3を右辺に、5xを左辺に移項
$3x=-12$ 　$ax=b$の形に整理
$x=-4$ 　両辺を3でわる

移項するとき、項の符号が変わることに注意しよう。

▼ 1次方程式とは？
移項して整理すると、$ax=b$の形に変えてきる方程式を1次方程式といいます。

こんなときは　解が分数になる

問題　$2x-5=9x-7$ を解きなさい。

解き方

$2x-5=9x-7$
$2x-9x=-7+5$ 　-5、9xを移項
$-7x=-2$ 　$ax=b$の形に整理
$x=\dfrac{2}{7}$ 　両辺を-7でわる
　　　　解が分数になることもある

問題の難易度

★は基本、★★は標準、★★★は応用レベルです。

3 解き方

問題の解き方をステップをふんでわかりやすく説明しています。図や矢印、赤字でていねいに解説しているのでスイスイ理解できます。
▼では、まちがえやすい用語や解き方を解説しています。

5 こんなときは マーク

「上の問題と似ているけどちょっとちがう」という問題の解き方を解説しています。
探している問題がこちらのときもありますので、問題とよく見比べましょう。

6 P123 リンク

関係が近い内容は一緒に学習した方が理解が深まります。
上手に活用してください。

用語さくいん

中学数学で登場する公式や用語を図を使って説明しています。
わからない用語があるとき，定義や性質をしっかりと理解したいときに活用してください。
公式や用語から知りたい解き方を探すこともできます。

キーワードさくいん

問題文の中のキーワードから，知りたい解き方を直接探すことができます。
たとえば，問題文の中に「トランプ」ということばがあれば，確率のトランプを使った問題を探し出すことができます。
このさくいんを有効に活用して，本書の学習に役立ててください。

数と式

単元名	回数	項目名	学年	ページ
正負の数	1	数直線上の点が表す数	中1	8
	2	反対の性質の表し方		9
	3	絶対値		10
	4	正負の数の大小		11
	5	2つの数の加法		12
	6	2つの数の減法		13
	7	加減の混じった計算		14
	8	かっこのない式の計算		15
	9	2つの数の乗法		16
	10	分数の乗法		17
	11	3つの数の乗法		18
	12	累乗の計算		19
	13	累乗をふくむ乗法		20
	14	2つの数の除法		21
	15	逆数の求め方		22
	16	分数の除法		23
	17	乗除の混じった整数の計算		24
	18	乗除の混じった分数の計算		25
	19	四則の混じった計算		26
	20	かっこや累乗のある計算		27
	21	分配法則を利用する計算		28
	22	正負の数の利用		29
文字と式	23	積の表し方		30
	24	商の表し方		31
	25	四則の混じった式の表し方		32
	26	1つの文字に代入する式の値		33
	27	項と係数		34
	28	同じ文字の項をまとめる		35
	29	1次式の加減		36
	30	文字式と数との乗法		37
	31	文字式と数との除法		38
	32	項が2つの式と数との乗除		39
	33	代金の表し方		40
	34	速さの表し方		41
	35	百分率を使った表し方		42
	36	歩合を使った表し方		43
	37	等式で表す		44
	38	不等式で表す		45
式の計算	39	多項式の項と次数	中2	46
	40	同類項をまとめる		47
	41	多項式の加減		48
	42	多項式と数との乗法		49
	43	数×多項式の加減		50
	44	分数の形の式の加減		51
	45	単項式の乗法		52
	46	単項式の除法		53
	47	単項式の乗除		54
	48	2つの文字に代入する式の値		55
	49	偶数や奇数の説明		56
	50	倍数になることの説明		57
	51	2けたの自然数の説明		58
	52	等式の変形		59
多項式の計算	53	単項式と多項式の乗除	中3	60
	54	多項式×多項式の展開		61
	55	$(x+a)(x+b)$ の展開		62
	56	$(x+a)^2$ の展開		63
	57	$(x-a)^2$ の展開		64
	58	$(x+a)(x-a)$ の展開		65
	59	乗法公式を使った展開		66
	60	乗法公式を使った計算		67
	61	素因数分解		68
	62	素因数分解を使って		69
	63	共通因数をくくり出す		70
	64	$(x+a)(x+b)$ の公式の利用		71
	65	$(x+a)^2$ の公式の利用		72
	66	$(x-a)^2$ の公式の利用		73
	67	$(x+a)(x-a)$ の公式の利用		74
	68	くくり出してから公式を利用		75
	69	1つの文字におきかえて		76
	70	数の計算への利用		77
	71	乗法公式を利用する式の値		78
	72	因数分解を利用する式の値		79
	73	連続する整数の証明		80
	74	連続する奇数の証明		81
平方根	75	平方根の求め方		82
	76	平方根の表し方		83
	77	平方根の性質		84
	78	正の平方根の大小		85
	79	負の平方根の大小		86
	80	根号の中の数を求める		87
	81	有理数と無理数		88
	82	根号がついた数の乗法		89
	83	根号がついた数の除法		90
	84	根号がついた数の変形		91
	85	$a\sqrt{b}$ の形にする乗法		92
	86	根号がついた数の乗除		93
	87	分母の有理化		94
	88	根号がついた数の加減①		95
	89	根号がついた数の加減②		96
	90	根号がついた数の四則計算		97
	91	根号をふくむ式の乗法 1		98
	92	根号をふくむ式の乗法 2		99
	93	平方根のある式の値		100

正負の数

1 数直線上の点が表す数

中1

問題　　　　　　　　　　　　　　　　レベル ★★★

下の数直線で，A，B にあたる数を書きなさい。

```
         A                        B
  ┼──┼──┼──┼──┼──┼──┼──┼──┼──┼──┼
 −5 −4 −3 −2 −1  0 +1 +2 +3 +4 +5
```

🍽解くための材料

0（原点）からどれだけはなれているかをよみとる。

解き方

下の図のように，0からの距離をよみとります。

```
         A         4              2.5    B
  ┼──┼──┼──┼──┼──┼──┼──┼──┼──┼──┼
 −5 −4 −3 −2 −1  0↑+1 +2 +3 +4 +5
```
この1めもりは0.5を表している

点Aは **0より左に4** はなれたところにあるから，**−4**

点Bは **0より右に2.5** はなれたところにあるから，**+2.5**

▼数直線上で，0より右にあれば正の数，左にあれば負の数

```
        負 の 数         正 の 数
  ┼──┼──┼──┼──┼──┼──┼──┼──┼──┼──┼
 −5 −4 −3 −2 −1  0 +1 +2 +3 +4 +5
```

0より右にあるか，0より左にあるかで，正の数か負の数かを判断できるよ。

正負の数

2 反対の性質の表し方

中1

問題　レベル ★☆☆

30人の増加を＋30人と表すと，40人の減少はどのように表せますか。

🍳 解くための材料

増加を**正の数**で表すと，減少は**負の数**で表せる。

🍳 解き方

増加と減少は，反対の性質をもつことばです。

下の図のように，**増加を＋を使って表すと，減少は－を使って表せます**。

```
          －40人                  ＋30人
 減少 ←──────────────┃──────────────→ 増加
    －40 －30 －20 －10  0  ＋10 ＋20 ＋30 ＋40
```

上の図から，40人の減少は**－40人**。

こんなときは▶ 反対の性質のことばで表す

問題「＋5kg 重い」を「軽い」ということばを使って表しなさい。

🍳 解き方

符号とことばを反対にします。

　＋5kg 重い → －5kg 軽い

これより，**－5kg 軽い**。

● 反対の性質をもつことば

東↔西　　北↔南
高い↔低い　長い↔短い
前↔後　　多い↔少ない
利益↔損失　収入↔支出

正負の数

3 絶対値

中1

問題　レベル ★★☆

絶対値が4より小さい整数をすべて求めなさい。

解くための材料

絶対値が■より小さい整数　→　−■と+■の間にある整数。

解き方

絶対値が4になる数は−4と+4だから，絶対値が4より小さい整数は，−4と+4の間にある整数です。

上の図から，求める整数は，

−3, −2, −1, 0, +1, +2, +3

⊖5 ← 5 → ⊕5

絶対値が5になる数は，
−5と+5
また，絶対値が0の数
は0だけだよ。

▼絶対値とは？

数直線上で，ある数に対応する点と原点との距離を，その数の絶対値といいます。
絶対値は，正負の数からその数の符号をとりさったものとみることができます。

原点

−4　距離4　0　距離4　+4
↓　　　　　　　　　　　↓
絶対値は4　　　　　　絶対値は4

正負の数

4 正負の数の大小

中1

問題 レベル ★☆☆

次の数の大小を，不等号を使って表しなさい。
$-3, +4, -5$

解くための材料

負の数は，絶対値が大きいほど小さい。

解き方

負の数<0<正の数より，$-3, +4, -5$では，$+4$がもっとも大きくなります。

次に，-5と-3では，$5>3$より$-5<-3$ ← 負の数は，絶対値が大きいほど小さい

```
 ―+――+――+――+――+――+――+――+――+――+――+――+―
 -6 -5 -4 -3 -2 -1  0 +1 +2 +3 +4 +5 +6
```

これより，$-5<-3<+4$
↑ 不等号の向きをそろえる

こんなときは 分数の大小

問題 $-\dfrac{2}{3}$と$-\dfrac{5}{7}$の大小を，不等号を使って表しなさい。

解き方

通分して，絶対値の大小を比べます。

$\dfrac{2}{3}$と$\dfrac{5}{7}$を通分すると，$\dfrac{2}{3}=\dfrac{14}{21}$，$\dfrac{5}{7}=\dfrac{15}{21}$ ← 分母の3と7の最小公倍数21を分母とする

$\dfrac{14}{21}<\dfrac{15}{21}$より$-\dfrac{14}{21}>-\dfrac{15}{21}$だから，$-\dfrac{2}{3}>-\dfrac{5}{7}$

正負の数

5 2つの数の加法

中1

レベル ★☆☆

問題

$$(-2)+(-7)=?$$

🍳 **解くための材料**

同じ符号の2つの数の和 → 絶対値の和に,共通の符号をつける。

🍳 **解き方**

絶対値の和に,共通の符号をつけます。

共通の符号

$$(-2)+(-7)=-(2+7)=-9$$

絶対値の和

＋のときは ＋
－のときは －
ラクし〜

こんなときは ▶ 異なる符号の2つの数の加法

問題 $(-4)+(+9)=?$

🍳 **解き方**

絶対値の差に,絶対値の大きいほうの符号をつけます。

$$(-4)+(+9)=+(9-4)=+5$$

絶対値の大きい　　絶対値の差　　答えの＋の符号は,はぶける
ほうの符号　　　　　　　　　　　　＋5を5としてもよい

▼ **0との加法**

0との和は,その数自身になります。 $0+(-8)=-8$

正負の数

6 2つの数の減法

中1

レベル ★☆☆

問題

$$(+3)-(+5)=?$$

解くための材料

減法は，ひく数の符号を変えて加法にして計算する。

解き方

$-(+■) → +(-■)$ として計算します。

減法を加法に　　　絶対値の大きいほうの符号

$$(+3)-(+5)=(+3)+(-5)=-(5-3)=-2$$

符号を変える　　　絶対値の差

こんなときは ▶ 負の数をひく

問題 $(+3)-(-5)=?$

解き方

$-(-■) → +(+■)$ として計算します。

$$(+3)-(-5)=(+3)+(+5)=+(3+5)=\underline{+8}$$

負の数をひくことは，正の数をたすこと

答えの+の符号は，はぶける
+8を8としてもよい

▼0との減法

0からある数をひくと，差はある数の符号を変えた数になります。
- $0-(+6)=0+(-6)=-6$
- $0-(-6)=0+(+6)=+6$

正負の数

7 加減の混じった計算

中1

問題 レベル ★★☆

$$(+3)-(+5)+(-9)-(-8)=?$$

🍳 解くための材料

加法だけの式にして，正の項，負の項の和をそれぞれ求める。

解き方

$$(+3)-(+5)+(-9)-(-8)$$
$$=(+3)+(-5)+(-9)+(+8) \quad \text{加法だけの式}$$
$$=(+3)+(+8)+(-5)+(-9) \quad \text{正の項，負の項を集める}$$
$$=(+11)+(-14) \quad \text{正の項，負の項の和をそれぞれ求める}$$
$$=-(14-11)$$
$$=-3$$

▼ 正の項，負の項とは？

加法だけの式にしたとき，加法の記号＋で結ばれたそれぞれの数を項といいます。
つまり，上の式では，正の項は＋3と＋8，負の項は－5と－9になります。

$$(+3)-(+5)+(-9)-(-8)$$
$$\downarrow \text{加法だけの式}$$
$$\underbrace{(+3)}_{\text{正の項}}+\underbrace{(-5)}_{\text{負の項}}+\underbrace{(-9)}_{\text{負の項}}+\underbrace{(+8)}_{\text{正の項}}$$

左の式で，正の項は＋3と＋5，負の項は－9と－8なんて答えてはダメ！

加法だけの式に直す！

文字式の項は P34

正負の数

8 かっこのない式の計算

中1

問題　レベル ★★☆

$$-17+16-25+19=?$$

🍴 解くための材料

正の項，負の項を集めて，それぞれの和を求める。

解き方

$$\underset{\text{負}}{-17}\underset{\text{正}}{+16}\underset{\text{負}}{-25}\underset{\text{正}}{+19}$$ ← 正の項，負の項を集める

$$=\underbrace{16+19}_{\downarrow}\underbrace{-17-25}_{\downarrow}$$ ← 正の項，負の項の和をそれぞれ求める

$$=\quad 35\qquad\quad -42$$

$$=-7$$

こんなときは 部分的にかっこのある式の計算

問題 $9-(+8)-(-12)-14=?$

解き方

かっこと加法の記号＋をはぶいた式にして計算します。

$$9-(+8)-(-12)-14$$
$$=9\ \boxed{-8}\ \boxed{+12}\ -14$$
$$=\underbrace{9+12}_{\downarrow}\underbrace{-8-14}_{\downarrow}$$
$$=\quad 21\qquad -22$$
$$=-1$$

> 加減の混じった計算は，かっこや加法の記号＋をはぶいて，シンプルな形にして計算しよう！

正負の数

9 2つの数の乗法

中1

問題　レベル ★☆☆

$$(-4) \times (-9) = ?$$

🍳 解くための材料

同じ符号の2つの数の積 → 絶対値の積に，正の符号をつける。

解き方

絶対値の積に，正の符号＋をつけます。

　　　　　　正の符号
$$(-4) \times (-9) = \underset{\text{絶対値の積}}{+\ (4 \times 9)} = +36$$

答えの＋の符号は，はぶける
+36を36としてもよい

こんなときは　異なる符号の2つの数の乗法

問題 $(+8) \times (-3) = ?$

解き方

絶対値の積に，負の符号－をつけます。

　　　　　　負の符号
$$(+8) \times (-3) = \underset{\text{絶対値の積}}{-\ (8 \times 3)} = -24$$

(正)×(負) と (負)×(正)
の積は負の数になるよ。

＋ × － ＝ －

▼ 0や-1との乗法
- 0との積 → ■×0＝0，0×■＝0
- -1との積 → ■×(-1)＝-■，(-1)×■＝-■

正負の数

10 分数の乗法

中1

問題 レベル ★★☆

$$\left(-\frac{3}{4}\right) \times \left(+\frac{8}{9}\right) = ?$$

解くための材料

絶対値の積の計算では，とちゅうで約分できるときは約分する。

解き方

異なる符号の2つの数の積だから，絶対値の積に，負の符号－をつけます。

$$\left(-\frac{3}{4}\right) \times \left(+\frac{8}{9}\right) = \underset{\text{負の符号}}{-} \left(\frac{\overset{1}{3}}{\underset{1}{4}} \times \frac{\overset{2}{8}}{\underset{3}{9}}\right) = -\frac{2}{3}$$

ここで約分

こんなときは 分数×整数 の計算

問題 $\left(-\dfrac{5}{6}\right) \times (-9) = ?$

解き方

絶対値の積に，正の符号＋をつけます。

$$\left(-\frac{5}{6}\right) \times (-9) = \underset{\text{正の符号}}{+} \left(\frac{5}{\underset{2}{6}} \times \overset{3}{9}\right) = +\frac{15}{2}$$

ここで約分

計算のとちゅうで約分したほうが，計算がカンタンになるよ。

正負の数

11 3つの数の乗法

中1

問題 レベル ★★☆

$$(-6) \times (+2) \times (-7) = ?$$

🍴 解くための材料

積の符号は，式の中の負の数が $\begin{cases} 偶数個 \to + \\ 奇数個 \to - \end{cases}$

🍳 解き方

積の符号を決めてから，絶対値の積を求めます。

$$(-6) \times (+2) \times (-7)$$

負の数が2個 → 負の数の個数を調べ積の符号を決める

$$= +(6 \times 2 \times 7)$$

↑ 絶対値の積

$$= 84$$

負の数の個数をかぞえよう！

こんなときは ＞ 3つ以上の数の乗法

問題 $(-3) \times (-8) \times (+5) \times (-4) = ?$

🍳 解き方

かける数が3つ以上になっても，まず積の符号を決めて，次に絶対値の積を求めます。

$$(-3) \times (-8) \times (+5) \times (-4)$$

負の数が3個だから，積の符号は －

$$= -(3 \times 8 \times 5 \times 4) = -480$$

↑ 絶対値の積

正負の数

12 累乗の計算

中1

問題 レベル ★★☆

$$-3^2 = ?$$

🍽 解くための材料

正の数をかけ合わせた数に負の符号−をつけます。
$-■^2 = -(■×■)$

🍳 解き方

-3^2 は，正の数 3 を 2 個かけ合わせた数に負の符号−をつけた数です。

指数の2は3についている
↓
$-3^2 = -(3×3) = -9$

▼累乗とは？ 指数とは？

同じ数をいくつかかけ合わせたものを，その数の**累乗**といい，かけ合わせた個数を示す右かたの小さい数を**指数**といいます。

同じ文字の積の表し方 **P30**

こんなときは ▶ $(-■)^2$ の計算

問題 $(-3)^2 = ?$

🍳 解き方

$(-■)^2 = (-■) × (-■)$ です。
つまり，$(-3)^2$ は−3を2個かけ合わせた数だから，

指数の2は−3についている
↓
$(-3)^2 = (-3) × (-3) = +(3×3) = 9$

正負の数

13 累乗をふくむ乗法

中1

問題 レベル ★★☆

$$5^2 \times (-2)^3 = ?$$

🍽 **解くための材料**

累乗 → 乗法 の順に計算する。

🍳 **解き方**

まず**累乗**を計算して，次に**乗法**を計算をします。

$$5^2 \times (-2)^3$$

$5 \times 5 \downarrow \quad \downarrow (-2) \times (-2) \times (-2)$ ┐ 累乗を計算

$= 25 \times (-8)$ ┐ 乗法を計算
$= -(25 \times 8)$
$= -200$

こんなときは (●×▲)■の計算

問題 $(2 \times 3)^2 = ?$

🍳 **解き方**

まずかっこの中を計算して，次に**累乗**を計算をします。

$(2 \times 3)^2$ ┐ かっこの中を計算
$= 6^2$ ┐ 累乗を計算
$= 36$

▼ −1の累乗

$(-1)^n$ は，指数 n が偶数ならば 1，指数 n が奇数ならば −1 になります。

正負の数

14 2つの数の除法

中1

問題 レベル ★☆☆

$$(-12) \div (-3) = ?$$

解くための材料

同じ符号の2つの数の商 → 絶対値の商に，正の符号をつける。

解き方

絶対値の商に，正の符号＋をつけます。

$$(-12) \div (-3) = \underset{\text{正の符号}}{+} \underset{\text{絶対値の商}}{(12 \div 3)} = +4$$

＋4を4としてもよい

こんなときは 異なる符号の2つの数の除法

問題 $(+35) \div (-5) = ?$

解き方

絶対値の商に，負の符号－をつけます。

$$(+35) \div (-5) = \underset{\text{負の符号}}{-} \underset{\text{絶対値の商}}{(35 \div 5)} = -7$$

乗法のときと同じだね！

▼わり切れない除法

除法の商は，いつも整数や小数になるとはかぎりません。
そこで，わり切れないときは，商を分数で表します。

$$(-7) \div (+9) = -(7 \div 9) = -\frac{7}{9}$$ ← 7÷9＝0.777…となりわり切れない

正負の数

15 逆数の求め方

中1

問題　レベル ★☆☆

$-\dfrac{3}{4}$ の逆数を求めなさい。

🍽 解くための材料

符号はそのままで，分母と分子を入れかえる。

$-\dfrac{■}{●} \rightarrow -\dfrac{●}{■}$

解き方

符号はそのまま

$-\dfrac{3}{4}$ の逆数 → $-\dfrac{4}{3}$

分母と分子を入れかえる

▼逆数とは？

■×●＝1 のとき，●は■の逆数
また，■は●の逆数といいます。

符号まで逆にして，$+\dfrac{4}{3}$ としてはダメ！

こんなときは　整数や小数の逆数

問題 次の数の逆数を求めなさい。

(1) 7　　　　(2) -0.6

解き方

整数や小数を**分数で表してから**逆数にします。

(1) $7 = \dfrac{7}{1}$　　← 分母を1とする分数で表す

　　$\dfrac{7}{1}$ の逆数 → $\dfrac{1}{7}$　← 符号はそのままで，分母と分子を入れかえる

(2) $-0.6 = -\dfrac{6}{10}$　← 分母を10とする分数で表す

　　$-\dfrac{6}{10}$ の逆数 → $-\dfrac{10}{6} = -\dfrac{5}{3}$

正負の数

16 分数の除法

中1

問題 レベル ★★☆

$$\left(-\frac{4}{9}\right) \div \left(-\frac{8}{15}\right) = ?$$

解くための材料

わる数を逆数にしてかける。　$\div \dfrac{\bullet}{\blacksquare} \rightarrow \times \dfrac{\blacksquare}{\bullet}$

解き方

わる数を逆数にして，除法を乗法にして計算します。

除法→乗法

$$\left(-\frac{4}{9}\right) \div \left(-\frac{8}{15}\right) = \left(-\frac{4}{9}\right) \times \left(-\frac{15}{8}\right)$$

↑逆数

$$= +\left(\frac{\overset{1}{4}}{\underset{3}{9}} \times \frac{\overset{5}{15}}{\underset{2}{8}}\right) = \frac{5}{6}$$

ここで約分

こんなときは ▶ 分数÷整数 の計算

問題 $\dfrac{6}{7} \div (-8) = ?$

解き方

$$\frac{6}{7} \div (-8) = \frac{6}{7} \times \left(-\frac{1}{8}\right) = -\left(\frac{\overset{3}{6}}{7} \times \frac{1}{\underset{4}{8}}\right) = -\frac{3}{28}$$

わる数を逆数にしてかける　　ここで約分

23

正負の数

17 乗除の混じった整数の計算

中1

問題

レベル ★★☆

$$8 \div (-12) \times 9 = ?$$

🍳 **解くための材料**

わる数の逆数をかけて，乗法だけの式にして計算する。

🍳 **解き方**

$8 \div (-12) \times 9$
$= 8 \times \left(-\dfrac{1}{12}\right) \times 9$ ← わる数を逆数にしてかける
$= -\left(8 \times \dfrac{1}{12} \times 9\right)$ ← 符号を決め，絶対値の積を計算
$= -6$

$\overset{2}{\cancel{8}} \times \dfrac{1}{\underset{3}{\cancel{12}}} \times \overset{3}{\cancel{9}} = 6$

3つの数の乗法は **P18**

こんなときは ÷■÷●の計算

問題 $-20 \div 6 \div (-15) = ?$

🍳 **解き方**

$÷■÷● \rightarrow \times \dfrac{1}{■} \times \dfrac{1}{●}$ と乗法だけの式にして計算します。

$-20 \div 6 \div (-15)$
$= -20 \times \dfrac{1}{6} \times \left(-\dfrac{1}{15}\right)$ ← わる数を逆数にしてかける
$= +\left(20 \times \dfrac{1}{6} \times \dfrac{1}{15}\right)$ ← 符号を決め，絶対値の積を計算
$= \dfrac{2}{9}$

$\overset{2}{\underset{3}{\cancel{\underset{}{\overset{}{20}}}}} \times \dfrac{1}{\underset{3}{\cancel{6}}} \times \dfrac{1}{15} = \dfrac{2}{9}$

正負の数

18 乗除の混じった分数の計算

中1

問題　レベル ★★★

$$\left(-\frac{5}{6}\right) \times \left(-\frac{9}{14}\right) \div \left(-\frac{10}{7}\right) = ?$$

解くための材料

乗法だけの式にして計算する。　$\div \frac{\bullet}{\blacksquare} \rightarrow \times \frac{\blacksquare}{\bullet}$

解き方

$\left(-\dfrac{5}{6}\right) \times \left(-\dfrac{9}{14}\right) \div \left(-\dfrac{10}{7}\right)$

$= \left(-\dfrac{5}{6}\right) \times \left(-\dfrac{9}{14}\right) \times \left(-\dfrac{7}{10}\right)$ ← わる数を逆数にしてかける

$= -\left(\dfrac{5}{6} \times \dfrac{9}{14} \times \dfrac{7}{10}\right)$ ← 符号を決め、絶対値の積を計算

$= -\dfrac{3}{8}$

$\dfrac{\overset{1}{\cancel{5}}}{\underset{2}{\cancel{6}}} \times \dfrac{\overset{3}{\cancel{9}}}{\underset{2}{\cancel{14}}} \times \dfrac{\overset{1}{\cancel{7}}}{\underset{2}{\cancel{10}}} = \dfrac{3}{8}$

▼ **乗除が混じった式の計算の順序は変えられない！**

乗除の混じった計算は、左から順に計算します。
この計算の順序を変えることはできません。

まちがった計算→　$18 \div \underbrace{(-3) \times 4}_{\text{先に計算}} = 18 \div (-12) = -\dfrac{3}{2}$

正しい計算→　$\underbrace{18 \div (-3)}_{\text{先に計算}} \times 4 = (-6) \times 4 = -24$

正負の数

19 四則の混じった計算

中1

問題 レベル ★★☆

$$7+5\times(-3)=?$$

解くための材料

まず乗法・除法を計算し、次に加法・減法を計算する。

解き方

式の形をよく見て、計算の順序を確認します。
まず**乗法**を計算し、次に**加法**を計算します。

$7+\underline{5\times(-3)}$ ← 乗法を計算
$=7+(-15)$ ← 加法を計算
$=7-15$
$=-8$

▼左から計算してはダメ！
$7+5\times(-3)$
$=12\times(-3)$
$=-36$

加法・減法・乗法・除法をまとめて四則というよ。

こんなときは ×と÷のある式

問題 $-6\times2-8\div(-4)=?$

解き方

まず**乗法・除法**を計算して、次に**減法**を計算します。

$\underline{-6\times2}-\underline{8\div(-4)}$ ← 乗法・除法を計算
$=-12-(-2)$ ← 減法を計算
$=-12+2$
$=-10$

正負の数

20 かっこや累乗のある計算

中1

問題　レベル ★★★

$$6-(-4)^2 \div (3-5) = ?$$

解くための材料

かっこの中・累乗 → 乗除 → 加減 の順に計算する。

解き方

$$6 - (-4)^2 \div (3-5)$$
$$= 6 - 16 \div (-2)$$　累乗・かっこの中を計算
$$= 6 - (-8)$$　除法を計算
$$= 6 + 8$$　減法を計算
$$= 14$$

こんなときは　2種類のかっこがある計算

問題 $20 \div \{7+(6-9)\times 4\} = ?$

解き方

まず（　）の中を計算し，次に｛　｝の中を計算します。

$$20 \div \{7+(6-9)\times 4\}$$　（　）の中を計算
$$= 20 \div \{7+(-3)\times 4\}$$　｛　｝の中の乗法を計算
$$= 20 \div \{7+(-12)\}$$　｛　｝の中の加法を計算
$$= 20 \div (-5)$$　除法を計算
$$= -4$$

数と式／方程式／関数／図形／確率・統計

27

正負の数

21 分配法則を利用する計算 中1

問題 レベル ★★☆

$$\left(\frac{3}{8}+\frac{5}{6}\right)\times(-24)=?$$

解くための材料

分配法則 （■＋●）×▲＝■×▲＋●×▲ を利用する。

解き方

分配法則を利用すると，計算がカンタンになります。

$$\left(\frac{3}{8}+\frac{5}{6}\right)\times(-24)$$

（■＋●）×▲＝■×▲＋●×▲

$$=\frac{3}{8}\times(-24)+\frac{5}{6}\times(-24)$$

$$=\quad -9\quad +\quad (-20)$$

$$=-29$$

くふうしてラクに！

$\frac{3}{8}\times(-24)$，$\frac{5}{6}\times(-24)$ の計算の結果はどちらも整数になるね。

こんなときは 分配法則を逆向きに利用する計算

問題 $72\times3.14+28\times3.14=?$

解き方

$$72\times3.14+28\times3.14$$

■×▲＋●×▲＝（■＋●）×▲

$$=(72+28)\times3.14$$

$$=\quad 100\quad \times3.14=314$$

正負の数

22 正負の数の利用

中1

問題 レベル ★★★

下の表は、A〜Fの6人の身長が160cmを基準として、それよりどれだけ高いかを表したものです。6人の身長の平均を求めなさい。

生徒	A	B	C	D	E	F
基準との差(cm)	+3	−5	0	−9	+6	−4

🍽 **解くための材料**

平均＝基準の値＋基準との差の平均

🍳 **解き方**

手順1 基準との差の平均は、

基準との差の平均を求める

$$\{3+(-5)+0+(-9)+6+(-4)\} \div 6$$
$$=(-9) \div 6$$
$$=-1.5 \text{(cm)}$$

平均＝合計÷個数

手順2 これより、6人の身長の平均は、基準の160cmより1.5cm低いから、

平均＝基準＋基準との差の平均

$$160+(-1.5)=158.5 \text{(cm)}$$

答 158.5cm

▼ 0を除いてはダメ！

基準との差の平均を求めるとき、基準との差が0のCを除いて、
$\{3+(-5)+(-9)+6+(-4)\} \div 5=(-9) \div 5=-1.8 \text{(cm)}$
としてはいけません。

文字と式

23 積の表し方

中1

問題 レベル ★☆☆

文字式の表し方にしたがって表しなさい。

(1) $b \times a \times (-5)$

(2) $x \times y \times x \times y \times x$

解くための材料

記号×をはぶいて，数は文字の前に書く。

解き方

(1) $b \times a \times (-5) = -5 \times a \times b = \boldsymbol{-5ab}$

　　　　　　　　　　数は文字の前　文字はアルファベット順　記号×をはぶく

(2) 同じ文字の積は，**累乗の指数**を使って表します。

$$x \times y \times x \times y \times x = \underbrace{x \times x \times x}_{xが3個} \times \underbrace{y \times y}_{yが2個} = x^3 \times y^2 = \boldsymbol{x^3 y^2}$$

こんなときは　−1との積

問題 $n \times (-1) \times m$ を，文字式の表し方にしたがって表しなさい。

解き方

−1と文字の積では，1ははぶきますが，−の符号ははぶけません。

$n \times (-1) \times m = (-1) \times m \times n = \boldsymbol{-mn}$

▼小数の場合の表し方

0.1や0.01などの1は，はぶくことはできません。

たとえば，$0.1 \times a$ は，$0.a$ と書かずに $0.1a$ と表します。

文字と式

24 商の表し方　中1

問題 レベル ★☆☆

文字式の表し方にしたがって表しなさい。

(1) $a \div (-4)$　(2) $(x+y) \div 7$

解くための材料

記号÷を使わずに，分数の形で書く。

解き方

(1) $a \div (-4) = \dfrac{a}{-4} = -\dfrac{a}{4}$

　　　　　↑分数の形にする　↑－は分数の前に書く

$-\dfrac{a}{4}$は，$-\dfrac{1}{4}a$と表すこともできるよ。

(2) $x+y$ をひとまとまりにして，分子にする。

$(x+y) \div 7 = \dfrac{x+y}{7}$ ←（　）ははぶく

　　　　　　　　↑分数の形にする

こんなときは 乗除の混じった式の表し方

問題 $a \div b \times c$ を，文字式の表し方にしたがって表しなさい。

解き方

左から順に，×や÷の記号をはぶいていきます。

$a \div b \times c = \dfrac{a}{b} \times c = \dfrac{ac}{b}$

　　　　　↑分数の形にする　↑記号×をはぶく

×や÷は左から計算

先に乗法を計算して，$a \div b \times c = a \div bc = \dfrac{a}{bc}$ としてはダメ！

文字と式

25 四則の混じった式の表し方

中1

問題　レベル ★★★

文字式の表し方にしたがって表しなさい。

(1) $a \times 6 + b \div (-3)$

(2) $p \times p \times (-5) \times p - q \times 9$

解くための材料

記号×，÷ははぶけるが，＋，－ははぶけない。

解き方

(1) 数の計算と同じように，**乗除 → 加減**の順に計算します。

$$a \times 6 + \underline{b \div (-3)}$$

×をはぶく　　分数の形にする

$$= 6a + \frac{b}{-3}$$

↑＋ははぶけない

$$= 6a + \left(-\frac{b}{3}\right)$$

$$= 6a - \frac{b}{3}$$

文字式で表すときも，計算の順序は数の計算のルールと同じだよ。
まず×と÷　次に＋と－

(2) 同じ文字の積は，**累乗の指数**を使って表します。

$$p \times p \times (-5) \times p - q \times 9$$

累乗の指数で表す　　×をはぶく

$$= -5p^3 - 9q$$

↑－ははぶけない

$$= -5p^3 - 9q$$

計算の順序は P26

文字と式

26 1つの文字に代入する式の値　中1

問題　レベル ★☆☆

$x=3$ のとき，$4x-5$ の値を求めなさい。

🍳 解くための材料

代入する式を記号×を使った式にして，x に数を代入する。

🍳 解き方

$4x-5$
$=4×x-5$ ← 記号×を使った式
$=4×3-5$ ← xに3を代入する
$=12-5$
$=\mathbf{7}$

▼代入と式の値

式の中の文字に数をあてはめることを<u>代入する</u>といいます。
代入して計算した結果を<u>式の値</u>といいます。

こんなときは ▶ 負の数を代入する

問題　$x=-2$ のとき，$9+7x$ の値を求めなさい。

🍳 解き方

負の数は，かっこをつけて代入します。

$9+7x$
$=9+7×x$ ← 記号×を使った式
$=9+7×(-2)$ ← −2に(　)をつけて代入
$=9+(-14)$
$=\mathbf{-5}$

文字と式

27 項と係数

中1

問題 レベル ★★★

$5a - \dfrac{b}{2} - 8$ の項と係数を求めなさい。

解くための材料

項とは，加法だけの式で，加法の記号+で結ばれた1つ1つの文字式や数である。

解き方

手順1 項を求める

まず，+とかっこを使って**加法だけの式**に直します。

$$5a - \dfrac{b}{2} - 8 = 5a + \left(-\dfrac{b}{2}\right) + (-8)$$

これより，項は，$5a, \ -\dfrac{b}{2}, \ -8$

記号+で結ばれた1つ1つの文字式や数

手順2 係数を求める

文字をふくむ項の数の部分を**係数**といいます。

$5a = 5 \times a, \quad -\dfrac{b}{2} = -\dfrac{1}{2} \times b$

(数)×(文字)の数の部分

これより，a の係数は 5，b の係数は $-\dfrac{1}{2}$

数だけの式の項は **P14**

文字と式

28 同じ文字の項をまとめる　中1

問題　レベル ★☆☆

(1) $3a+5a=?$

(2) $4x-x-6x=?$

解くための材料

係数どうしを計算して，文字の前に書く。

解き方

(1) 文字の部分が同じ項は，$\blacksquare x+\bullet x=(\blacksquare+\bullet)x$ を利用して1つの項にまとめることができます。

$$3a+5a=(3+5)a=8a$$

↑ 係数どうしを計算

(2) $4x-x-6x=(4-1-6)x=-3x$

$-x$ の係数は -1

同類項をまとめるは **P47**

こんなときは　文字の項と数の項がある計算

問題 $7y-8-5y+2=?$

解き方

文字の項どうし，数の項どうしをそれぞれまとめます。

$$7y-8-5y+2$$
$$=7y-5y-8+2$$ ← 文字の項，数の項をそれぞれ集める
$$=(7-5)y-8+2$$ ← 文字の項，数の項をそれぞれまとめる
$$=2y-6$$

文字と式

29 1次式の加減　中1

問題　レベル ★★☆

(1) $(6a+5)+(2a-9)=?$

(2) $(3x-4)-(5x-7)=?$

解くための材料

+( )は，そのままかっこをはずす。

−( )は，各項の符号を変えて，かっこをはずす。

解き方

(1) $(6a+5)+(2a-9)$

　$=\underline{6a+5}\ \underline{+2a-9}$　←+( )→そのままかっこをはずす

　$=\underset{\text{文字の項}}{6a+2a}\ \underset{\text{数の項}}{+5-9}$　←文字の項，数の項をまとめる

　$=8a-4$

(2) $(3x-4)-(5x-7)$

　$=\underline{3x-4}\ \underline{-5x+7}$　←−( )→各項の符号を変えて，かっこをはずす

　$=\underset{\text{文字の項}}{3x-5x}\ \underset{\text{数の項}}{-4+7}$　←文字の項，数の項をまとめる

　$=-2x+3$

▼うしろの項の符号の変え忘れに注意！

−( )をはずすときに，かっこの中のうしろの項の符号を変え忘れるミスが多いので注意しましょう。

$-(5x-7)\begin{cases}=-5x-7\ \text{誤}\\=-5x+7\ \text{正}\end{cases}$

文字と式

30 文字式と数との乗法

中1

問題 レベル ★☆☆

$$4x \times (-7) = ?$$

解くための材料

数どうしの積を求め，それに文字をかける。

解き方

$4x \times (-7)$
$= 4 \times x \times (-7)$
$= \underline{4 \times (-7)} \times x$
　　↓ 数どうしの積を計算
$= -28x$

! 2つの数の積の符号

同符号 $\begin{cases} (+) \times (+) = (+) \\ (-) \times (-) = (+) \end{cases}$

異符号 $\begin{cases} (+) \times (-) = (-) \\ (-) \times (+) = (-) \end{cases}$

こんなときは　係数が分数のとき

問題 $-\dfrac{2}{3}y \times (-18) = ?$

解き方

$-\dfrac{2}{3}y \times (-18) = -\dfrac{2}{3} \times y \times (-18)$

$= \underline{-\dfrac{2}{3} \times (-18)} \times y$ ← 数どうしの積を計算

$= +\left(\dfrac{2}{\underset{1}{3}} \times \overset{6}{18}\right) \times y$ ← ここで約分

$= 12y$

文字と式

31 文字式と数との除法

中1

問題 レベル ★☆☆

$$-30a \div (-6) = ?$$

解くための材料

わる数を逆数にして，乗法にして計算する。

解き方

$$-30a \div (-6)$$
$$= -30a \times \left(-\frac{1}{6}\right)$$ ← わる数を逆数にしてかける
$$= -30 \times \left(-\frac{1}{6}\right) \times a$$ ← 数どうしの積を計算
$$= +\left(\overset{5}{30} \times \frac{1}{\underset{1}{6}}\right) \times a$$
$$= \mathbf{5a}$$

▼分数の形にして約分

分数の形にして，数どうしを約分することもできます。

$$-30a \div (-6)$$
$$= \frac{30a}{6}$$
$$= 5a$$

逆数は P22

こんなときは 文字式÷分数

問題 $12b \div \left(-\dfrac{3}{4}\right) = ?$

解き方

わる数が分数のときは，わる数を逆数にしてかけます。

$$12b \div \left(-\frac{3}{4}\right) = 12b \times \left(-\frac{4}{3}\right) = 12 \times \left(-\frac{4}{3}\right) \times b = \mathbf{-16b}$$

$$-\left(\overset{4}{\underset{1}{12}} \times \frac{4}{3}\right) \times b$$

文字と式

32 項が2つの式と数との乗除　中1

問題　レベル ★★☆

(1) $-3(2x+7) = ?$

(2) $(8y-6) \div \dfrac{2}{5} = ?$

解くための材料

分配法則を使って，数をかっこの中のすべての項にかける。

■×(●+▲)=■×●+■×▲，■×(●−▲)=■×●−■×▲

解き方

(1) $-3(2x+7)$
　　$= -3 \times 2x + (-3) \times 7$ ← 分配法則を使って，かっこをはずす
　　$= -6x - 21$

(2) まず，わる数を逆数にして，除法を乗法にします。

$(8y-6) \div \dfrac{2}{5}$

$= (8y-6) \times \dfrac{5}{2}$ ← わる数を逆数にしてかける

$= 8y \times \dfrac{5}{2} - 6 \times \dfrac{5}{2}$ ← 分配法則を使って，かっこをはずす

$= 20y - 15$

文字と式
33 代金の表し方

中1

問題　レベル ★☆☆

1個50円のみかんをx個，1個200円のりんごをy個買ったときの代金の合計を表す式を書きなさい。

解くための材料

代金＝1個の値段×個数

解き方

手順1　まず，代金の合計をことばの式で表します。

　　代金の合計＝みかんの代金＋りんごの代金

代金＝1個の値段×個数

手順2　ことばの式に文字や数をあてはめて，記号×をはぶいて表します。

　　代金の合計＝みかんの代金＋りんごの代金
　　　　　　＝　$50×x$　＋　$200×y$　　記号×をはぶく
　　　　　　＝$50x+200y$（円）

1個の値段のことを「単価」ともいうよ。

文字と式

34 速さの表し方

中1

問題

レベル ★★☆

akmの道のりを，行きは時速5km，帰りは時速4kmの速さで歩いたときの往復にかかった時間を表す式を書きなさい。

解くための材料

暗記 時間＝道のり÷速さ
（道のり＝速さ×時間，速さ＝道のり÷時間）

解き方

手順1 まず，往復にかかった時間をことばの式で表します。

　　　　往復の時間＝行きの時間＋帰りの時間
　　　　　　　　　　　　↑　　　　　　↑
　　　　　　　　　片道の道のり÷歩いた速さ

往復の時間
行きの時間
a km
帰りの時間

手順2 ことばの式に文字や数をあてはめて，記号÷を使わずに分数の形で表します。

$$\begin{aligned}往復の時間 &= 行きの時間 + 帰りの時間 \\ &= a \div 5 + a \div 4 \quad \text{分数の形で書く}\\ &= \frac{a}{5} + \frac{a}{4} \\ &= \frac{4a}{20} + \frac{5a}{20} \quad \text{通分して1つにまとめる}\\ &= \frac{9}{20}a \text{（時間）}\end{aligned}$$

文字と式

35 百分率を使った表し方

中1

問題 レベル ★★★

濃度8％の食塩水xgにふくまれる食塩の重さを表す式を書きなさい。

🍽 解くための材料

百分率と分数の関係 　$1\% \rightarrow \dfrac{1}{100}$ 　を利用する。

解き方

手順1 　8％を分数で表すと，$\dfrac{8}{100} = \dfrac{2}{25}$ 　← $1\% \rightarrow \dfrac{1}{100}$

手順2 　食塩の重さ，食塩水の重さ，食塩水の濃度の関係をことばの式で表します。

　　　食塩の重さ＝食塩水の重さ×食塩水の濃度
　　　　　　　　　もとにする量　　　　割合

手順3 　ことばの式に文字や数をあてはめて，記号×をはぶいて表します。

　　　食塩の重さ＝食塩水の重さ×食塩水の濃度
　　　　　＝　　x　　×　　$\dfrac{2}{25}$　　　記号×をはぶく
　　　　　＝$\dfrac{2}{25}x$ (g)

文字と式

36 歩合を使った表し方

中1

問題　レベル ★★★

定価a円の品物を，定価の2割引きで買ったときの代金を表す式を書きなさい。

解くための材料

歩合と分数の関係　1割 → $\dfrac{1}{10}$ を利用する。

解き方

手順1　2割を分数で表すと，$\dfrac{2}{10}=\dfrac{1}{5}$　← 1割 → $\dfrac{1}{10}$

手順2　代金，定価，割引きの関係をことばの式で表します。
　　代金＝定価×(1－割引きの割合)

手順3　ことばの式に文字や数をあてはめて，記号×をはぶいて表します。

代金＝定価×(1－割引きの割合)

$= a \times \left(1-\dfrac{1}{5}\right)$

$= a \times \dfrac{4}{5}$

$= \dfrac{4}{5}a$ (円)　← 記号×をはぶく

割合を表す0.1を1割(わり)，0.01を1分(ぶ)，0.001を1厘(りん)というよ。この割合の表し方を歩合(ぶあい)というんだ。

文字と式

37 等式で表す

中1

問題 レベル ★★☆

1個a円の品物を6個買って、1000円出したときのおつりがb円でした。この数量の間の関係を等式で表しなさい。

解くための材料

数量を文字式で表し、等しい数量を等号で結ぶ。

解き方

出した金額 － 品物の代金 ＝ おつり　←ことばの式で表す

↓　　　　　↓1個の値段　↓
　　　　　　↓×個数
1000　－　$a \times 6$　＝　b　　　記号×をはぶく

$$1000 - 6a = b$$

代金の表し方は P40

こんなときは 単位がちがうとき

問題 a mのテープからb cmのテープを13本切り取ったら、残りのテープの長さは50cmでした。この数量の間の関係を等式で表しなさい。

解き方

長さの単位を cm にそろえて考えます。

a m＝100a cm より、

はじめの長さ － 切り取った長さ ＝ 残りの長さ

↓　　　　　　↓　　　　　　↓
100a　－　$b \times 13$　＝　50

$$100a - 13b = 50$$

文字と式

38 不等式で表す

中1

問題　レベル ★★☆

1個5gのおもりa個と1個25gのおもりb個の重さの合計は200g以下でした。この数量の間の関係を不等式で表しなさい。

解くための材料

数量を文字式で表し，大小関係を**不等号**で結ぶ。

解き方

手順① 数量の関係をことばの式で表します。

5gのおもりa個の重さ＋25gのおもりb個の重さ ≦ 200
　　　　　　　　　　　　　　　　　　　　　　　↑
　　　　　　　　　　　　　　　　　　　　　200g以下

手順② ことばの式に文字や数をあてはめます。

5gのおもりa個の重さ＋25gのおもりb個の重さ ≦ 200
　　　↓5g×個数　　　　　　　↓25g×個数
　　5×a　　　＋　　25×b　　　≦ 200

$$5a + 25b \leq 200$$

> 不等号を使って，2つの数量の大小関係を表した式を不等式というよ。

！ 不等号の使い方

aはb以上 …………… $a \geq b$
aはb以下 …………… $a \leq b$
aはbより大きい …… $a > b$
aはb未満 …………… $a < b$

式の計算

39 多項式の項と次数

中2

問題

レベル ★☆☆

多項式 $3x^2-5y-4$ の項を答えなさい。
また，この多項式は何次式ですか。

解くための材料

多項式をつくっている1つ1つの単項式を項という。

解き方

手順1 ＋の記号とかっこを使って，**単項式の和の形**にします。

$$3x^2-5y-4 = \underbrace{3x^2}_{単項式}+\underbrace{(-5y)}_{単項式}+\underbrace{(-4)}_{単項式}$$

これより，項は，$3x^2$，$-5y$，-4

項と係数は P34

▼ x や-4のような1つの文字や数も単項式と考えます。

手順2 多項式の次数は，**各項の次数でもっとも大きいもの**です。

$$\underbrace{3x^2}_{2次}\underbrace{-5y}_{1次}-4$$

数だけの項は文字の個数が0なので，次数は0と考える

もっとも次数が大きい項は2次の項だから，**2次式**。

$x^3 = \underbrace{x \times x \times x}_{3つ}$ で 3次

単項式の次数は，かけ合わされた文字の数だよ。

▼単項式とは？ 多項式とは？

単項式……数や文字についての乗法だけててきている式。
多項式……単項式の和の形で表された式。

式の計算

40 同類項をまとめる

中2

問題　レベル ★☆☆

$6x+4y+2x-9y$ の同類項をまとめなさい。

🍽 解くための材料

係数どうしを計算して、共通の文字をつける。

🍳 解き方

文字の部分がまったく同じ項を**同類項**といいます。

同類項は、$■x+●x=(■+●)x$ を利用して、1つの項にまとめることができます。

$$6x+4y+2x-9y$$
$$=6x+2x+4y-9y \quad \text{同類項を集める}$$
$$=(6+2)x+(4-9)y \quad \text{同類項をまとめる}$$
$$=8x-5y$$

同じ文字の項をまとめるは ▶ P35

こんなときは ▶ 文字の次数がちがうとき

問題 $3x^2-x-8x^2+7x$ の同類項をまとめなさい。

🍳 解き方

$3x^2$ と $-x$ は、どちらも文字 x をふくんでいますが、次数がちがうので同類項ではありません。だから、別々にまとめます。

$$3x^2-x-8x^2+7x=3x^2-8x^2-x+7x$$
$$=(3-8)x^2+(-1+7)x$$
$$=-5x^2+6x$$

式の計算

41 多項式の加減

中2

問題 レベル ★★☆

(1) $(3a+8b)+(4a-5b)=?$

(2) $(2x-y)-(7x+6y)=?$

解くための材料

+( )は，そのままかっこをはずす。
−( )は，各項の符号を変えて，かっこをはずす。

解き方

(1) $(3a+8b)+(4a-5b)$
  $=3a+8b+4a-5b$ ← +( )→そのままかっこをはずす
  $=3a+4a\ +8b-5b$ ← 同類項を集める
  $=\mathbf{7a+3b}$ ← 同類項をまとめる

(2) $(2x-y)-(7x+6y)$
  $=2x-y-7x-6y$ ← −( )→各項の符号を変えて，かっこをはずす
  $=2x-7x\ -y-6y$ ← 同類項を集める
  $=\mathbf{-5x-7y}$ ← 同類項をまとめる

1次式の加減は **P36**

▼縦書きの計算

同類項を縦にそろえて，数の筆算のように計算することができます。

(1) $3a+8b$
   $+)\ 4a-5b$
   $3a+4a\ \ \ \ 8b-5b$
   $\mathbf{7a+3b}$

(2) $2x-y$
   $-)\ 7x+6y$
   $2x-7x\ \ \ \ -y-6y$
   $\mathbf{-5x-7y}$

式の計算

42 多項式と数との乗除

中2

問題

レベル ★★☆

(1) $4(3a-5b)=?$

(2) $(6x+21y)\div(-3)=?$

解くための材料

分配法則を使って、数を多項式のすべての項にかける。

解き方

(1) $4(3a-5b)$
$=4\times 3a + 4\times(-5b)$ ← 分配法則を使ってかっこをはずす
$=12a-20b$

! 分配法則
$a(b+c)=ab+ac$
$a(b-c)=ab-ac$

(2) まず、わる数を逆数にして、**除法を乗法にします。**
$(6x+21y)\div(-3)$
$=(6x+21y)\times\left(-\dfrac{1}{3}\right)$ ← わる数を逆数にしてかける
$=6x\times\left(-\dfrac{1}{3}\right)+21y\times\left(-\dfrac{1}{3}\right)$ ← 分配法則を使って、かっこをはずす
$=-2x-7y$

▼**分数の形にして約分**

わる数が整数のときは、多項式の各項を数でわることもできます。

$(6x+21y)\div(-3)=\dfrac{6x}{-3}+\dfrac{21y}{-3}=-2x-7y$

式の計算

43 数 × 多項式 の加減　中2

問題　レベル ★★☆

(1) $3(2x+y)+4(x-3y)=?$

(2) $5(3a-4b)-7(2a-3b)=?$

解くための材料

分配法則を使ってかっこをはずし，同類項をまとめる。

解き方

(1) $3(2x+y)+4(x-3y)$
　$=6x+3y+4x-12y$ ← かっこをはずす
　$=6x+4x+3y-12y$ ← 同類項を集める
　$=10x-9y$ ← 同類項をまとめる

(2) $5(3a-4b)-7(2a-3b)$
　$=15a-20b-14a+21b$ ← ■（　）をはずすときは，符号の変化に注意
　$=15a-14a-20b+21b$ ← 同類項を集める
　$=a+b$ ← 同類項をまとめる

▼うしろの項の符号の変え忘れに注意！

$-7(2a-3b)$　$=-14a-21b$　誤
　　　　　　　$=-14a+21b$　正

一のときは注意しよう！

式の計算

44 分数の形の式の加減

中2

問題　レベル ★★★

(1) $\dfrac{a+b}{2}+\dfrac{a-b}{3}=?$

(2) $\dfrac{5x-2y}{9}-\dfrac{3x-4y}{6}=?$

解くための材料

通分して，分子を計算し同類項をまとめる。

解き方

(1) $\dfrac{a+b}{2}+\dfrac{a-b}{3}$

$=\dfrac{3(a+b)}{6}+\dfrac{2(a-b)}{6}$　　2と3の最小公倍数6を分母として通分する

$=\dfrac{3(a+b)+2(a-b)}{6}$　　1つの分数にまとめる

$=\dfrac{3a+3b+2a-2b}{6}=\dfrac{\bm{5a+b}}{\bm{6}}$　　分子のかっこをはずし，同類項をまとめる

(2) $\dfrac{5x-2y}{9}-\dfrac{3x-4y}{6}$

$=\dfrac{2(5x-2y)}{18}-\dfrac{3(3x-4y)}{18}$　　9と6の最小公倍数18を分母として通分する

$=\dfrac{2(5x-2y)-3(3x-4y)}{18}$

$=\dfrac{10x-4y-9x+12y}{18}=\dfrac{\bm{x+8y}}{\bm{18}}$

最小公倍数の求め方 P69

式の計算

45 単項式の乗法

中2

問題 レベル ★☆☆

$$3ab \times (-6c) = ?$$

解くための材料

係数の積に，文字の積をかける。

解き方

単項式どうしの乗法は，**係数どうし**，文字どうしをそれぞれかけます。

$$3ab \times (-6c)$$
$$= 3 \times (-6) \times ab \times c$$

↓係数の積　↓文字の積

$$= \quad -18 \quad \times \quad abc$$

記号×をはぶく
数は文字の前に書く

$$= -18abc$$

積の表し方は **P30**

こんなときは 同じ文字がある単項式の乗法

問題 $-7x \times (-2xy) = ?$

解き方

同じ文字の積は，**累乗の指数**を使って表します。

$$-7x \times (-2xy)$$
$$= -7 \times (-2) \times x \times xy$$
$$= 14 \times x^2 y$$
$$= 14x^2y$$

▼同じ文字の累乗の乗法

指数の和2+3

$$x^2 \times x^3 = \underbrace{(x \times x)}_{xが2個} \times \underbrace{(x \times x \times x)}_{xが3個} = x^5$$

式の計算

46 単項式の除法

中2

問題 レベル ★★★

$$-8x^2y \div 2xy^2 = ?$$

解くための材料

分数の形にして、係数どうし、文字どうしを約分する。

解き方

$$-8x^2y \div 2xy^2 = \frac{-8x^2y}{2xy^2}$$

← 分数の形にする

$$= -\frac{\overset{4}{\cancel{8}} \times \cancel{x} \times x \times \cancel{y}}{\underset{1}{\cancel{2}} \times \underset{1}{\cancel{x}} \times \underset{1}{\cancel{y}} \times y}$$

← 符号を決め、係数どうし、文字どうしを約分する

$$= -\frac{4x}{y}$$

商の表し方は P31

こんなときは 係数に分数があるとき

問題 $6ab^3 \div \dfrac{2}{3}ab = ?$

解き方

わる式の**逆数**をかける形にして、除法を乗法にして計算します。

$$6ab^3 \div \frac{2}{3}ab = 6ab^3 \times \frac{3}{2ab}$$

← $\dfrac{2}{3}ab = \dfrac{2ab}{3}$ より、逆数は $\dfrac{3}{2ab}$

$$= \frac{\overset{3}{\cancel{6}} \times \cancel{a} \times \cancel{b} \times b \times b \times 3}{\underset{1}{\cancel{2}} \times \underset{1}{\cancel{a}} \times \underset{1}{\cancel{b}}}$$

$$= 9b^2$$

式の計算

47 単項式の乗除

中2

問題

レベル ★★☆

$$9a^2b \div 6a \times 2b = ?$$

🍳 解くための材料

かける式を分子，わる式を分母とする分数の形にする。

解き方

$$9a^2b \div 6a \times 2b$$

$$= \frac{9a^2b \times 2b}{6a}$$

← かける式を分子に，わる式を分母にする

$$= \frac{\overset{3}{9} \times a \times \overset{1}{a} \times b \times 2 \times b}{\underset{2}{6} \times \underset{1}{a}}$$

← 符号を決め，係数どうし，文字どうしを約分する

$$= 3ab^2$$

わる式の逆数をかけて，乗法だけの式にして計算してもいいよ。

$$\div 6a \rightarrow \times \frac{1}{6a}$$

こんなときは ▶ 累乗の計算がある単項式の乗除

問題 $2x^3 \times 6xy^3 \div (-2x^2y)^2 = ?$

解き方

$$2x^3 \times 6xy^3 \div (-2x^2y)^2 = 2x^3 \times 6xy^3 \div 4x^4y^2$$

$$= \frac{2x^3 \times 6xy^3}{4x^4y^2}$$

↑ 累乗の部分を計算する

$(-2x^2y)^2$
$= (-2x^2y) \times (-2x^2y)$
$= (-2) \times (-2) \times x^2y \times x^2y$
$= 4 \times x^4y^2$

$$= \frac{\overset{1}{2} \times \overset{1}{x} \times \overset{1}{x} \times \overset{1}{x} \times \overset{3}{6} \times \overset{1}{x} \times \overset{1}{y} \times \overset{1}{y} \times y}{\underset{2}{4} \times \underset{1}{x} \times \underset{1}{x} \times \underset{1}{x} \times \underset{1}{x} \times \underset{1}{y} \times \underset{1}{y}} = 3y$$

式の計算

48 2つの文字に代入する式の値

中2

問題 レベル ★★☆

式の値を求めなさい。
(1) $x=4, y=-2$ のとき, $2(5x+9y)-3(4x+7y)$
(2) $a=3, b=-5$ のとき, $6a^2\div(-8ab)\times 4b^2$

解くための材料

式を計算してカンタンにしてから数を代入する。

解き方

(1) $2(5x+9y)-3(4x+7y)$
 $=10x+18y-12x-21y$ ← 分配法則を使って，かっこをはずす
 $=-2x-3y$ ← 同類項をまとめる
 $=-2\times 4-3\times(-2)$ ← $x=4, y=-2$ を代入する
 $=-8+6$
 $=-2$

負の数は( )をつけて代入する

(2) $6a^2\div(-8ab)\times 4b^2$
 $=-\dfrac{6a^2\times 4b^2}{8ab}$ ← かける式を分子に，わる式を分母にする

 $=-\dfrac{\overset{3}{6}\times a\times a\times 4\times b\times b}{\underset{4}{8}\times a\times b}$

 $=-3ab$
 $=-3\times 3\times(-5)$ ← $a=3, b=-5$ を代入する
 $=45$

1つの文字に代入する式の値は P33

式の計算

49 偶数や奇数の説明   中2

問題   レベル ★★☆

偶数と奇数の和は奇数になることを説明しなさい。

🍴 解くための材料

m, n を整数とすると，偶数 → $2m$, 奇数 → $2n+1$

🍳 解き方 説明

手順1
偶数と奇数を文字を使って表す

m, n を整数とすると，
偶数は **$2m$**, 奇数は **$2n+1$** と表せる。 ← 奇数を文字 m を使って，$2m+1$ と表すと，2と3のように連続する偶数と奇数になる。そこで，単に偶数と奇数を表すときは，偶数と奇数でちがう文字を使うこと。

手順2
2つの数の和を文字式で表す

偶数と奇数の和は，
$2m+(2n+1)$
$=2m+2n+1$
$=2(m+n)+1$

手順3
ここで，$m+n$ は整数だから，$2(m+n)+1$ は奇数である。
　　　　　　　　　　　　　　　2×整数+1
したがって，偶数と奇数の和は奇数になる。

❗ 2つの偶数・奇数の表し方

m, n を整数とすると，
$\begin{cases} 2\text{つの偶数は } 2m, \ 2n \\ 2\text{つの奇数は } 2m+1, \ 2n+1 \end{cases}$

式の計算

50 倍数になることの説明

中2

問題　レベル ★★☆

3，4，5のように，連続する3つの整数の和は3の倍数になることを説明しなさい。

解くための材料

連続する3つの整数 → n, $n+1$, $n+2$

解き方 説明

手順1　連続する3つの整数は，

連続する3つの整数を文字を使って表す

n, $n+1$, $n+2$

と表せる。

連続する3つの整数は，まん中の数をnとして，$n-1$, n, $n+1$ と表すこともできるよ。

$n-2$, $n-1$, n でもOK

手順2　この3つの整数の和は，

3つの数の和を文字式で表す

$n+(n+1)+(n+2)$
$=3n+3$
$=3(n+1)$

手順3　ここで，$n+1$は整数だから，$3(n+1)$ は3の倍数である。
3×整数

したがって，連続する3つの整数の和は3の倍数になる。

▼aの倍数になることを説明するには？

a の倍数は，$a×$(整数)の形の式で表されます。

つまり，3の倍数になることを説明するためには，3×(整数)の形の式を導けばよいわけです。

式の計算

51 2けたの自然数の説明

中2

問題 レベル ★★☆

一の位が0でない2けたの自然数から,その自然数の十の位の数と一の位の数を入れかえた自然数をひくと,差が9の倍数になります。このことを説明しなさい。

解くための材料

2けたの自然数は,十の位の数を x,一の位の数を y とすると,$10x+y$ と表せる。

解き方 説明

手順 1
2つの自然数を文字を使って表す

もとの自然数の十の位の数を x,一の位の数を y とすると,もとの数は $10x+y$,位を入れかえた数は $10y+x$ と表せる。

手順 2
2つの数の差を文字式で表す

この2つの自然数の差は,
$(10x+y)-(10y+x)$
$=10x+y-10y-x$
$=9x-9y$
$=9(x-y)$

手順 3
ここで,$x-y$ は整数だから,$9(x-y)$ は9の倍数である。
(9×整数)

したがって,2つの自然数の差は9の倍数になる。

倍数になることの説明は P57

▼3けたの自然数の表し方

3けたの自然数は,百の位の数を x,十の位の数を y,一の位の数を z とすると,$100x+10y+z$ と表すことができます。

式の計算

52 等式の変形

中2

問題　レベル ★★☆

等式を〔　〕の中の文字について解きなさい。

(1) $2x+3y=12$ 〔x〕

(2) $S=\dfrac{1}{2}(a+b)h$ 〔a〕

解くための材料

方程式を解くやり方と同じように変形する。

解き方

等式を（ある文字）＝〜 の形に変形することを，はじめの等式を，ある文字について解くといいます。

(1) $2x+3y=12$
   $2x=-3y+12$ ← ＋3yを移項する
   $x=-\dfrac{3}{2}y+6$ ← 両辺を2でわる

P.102の説明も見てみよう。

(2) $S=\dfrac{1}{2}(a+b)h$

$\dfrac{1}{2}(a+b)h=S$
$(a+b)h=2S$ ← 両辺に2をかける
$a+b=\dfrac{2S}{h}$ ← 両辺をhでわる
$a=\dfrac{2S}{h}-b$ ← ＋bを移項する

！移項

等式の一方の辺にある項を，その符号を変えて，他方の辺に移すことを**移項**といいます。

方程式の解き方は ▶ P102

多項式の計算

53 単項式と多項式の乗除 中3

問題 レベル ★☆☆

(1) $3a(2a+7b)=?$

(2) $(8x^2-20xy)\div 4x=?$

解くための材料

分配法則を使って，単項式を多項式の各項にかける。

解き方

(1) $3a(2a+7b)$
$=\underline{3a\times 2a}+\underline{3a\times 7b}$
$=6a^2+21ab$

分配法則を使って，かっこをはずす

!**分配法則**

$a(b+c)=ab+ac$

$a(b-c)=ab-ac$

よく使うよ！

(2) わる式を逆数にして，除法を乗法にします。

$(8x^2-20xy)\div 4x$

$4x=\dfrac{4x}{1}$ より，逆数は $\dfrac{1}{4x}$

$=(8x^2-20xy)\times \dfrac{1}{4x}$

$=8x^2\times \dfrac{1}{4x}-20xy\times \dfrac{1}{4x}$

$=\dfrac{8x^2}{4x}-\dfrac{20xy}{4x}$

$=2x-5y$

$\dfrac{\overset{2}{8}\times \overset{1}{x}\times x}{\underset{1}{4}\times \underset{1}{x}}-\dfrac{\overset{5}{20}\times \overset{1}{x}\times y}{\underset{1}{4}\times \underset{1}{x}}$

多項式の計算

54 多項式 × 多項式 の展開

中3

問題 レベル ★☆☆

$$(a+3)(b+6) = ?$$

解くための材料

暗記 基本公式 $(a+b)(c+d) = \underline{ac} + \underline{ad} + \underline{bc} + \underline{bd}$
　　　　　　　　　　　　　　① 　　② 　　③ 　　④

解き方

展開の基本公式を使って，①から④の順にかけていきます。

$$(a+3)(b+6)$$

$$= \underline{ab} + \underline{6a} + \underline{3b} + \underline{18}$$
　　① 　　② 　　③ 　　④

▼ 展開とは？
単項式と多項式，または多項式どうしの積の形の式を，単項式の和の形で表すことを式を **展開する** といいます。

こんなときは ▶ 展開した式に同類項がある

問題 $(x+4)(2x-3) = ?$

解き方

展開した式に同類項があるときは，それらをまとめます。

$$(x+4)(2x-3) = 2x^2 - 3x + 8x - 12$$
$$= 2x^2 + 5x - 12$$

$-3x + 8x = (-3+8)x = 5x$

同類項のまとめ方は ▶ **P47**

多項式の計算

55 $(x+a)(x+b)$ の展開

中3

問題 レベル ★★☆

$$(x+2)(x+4)=?$$

解くための材料

暗記 乗法公式① $(x+■)(x+●)=x^2+(■+●)x+■×●$
　　　　　　　　　　　　　　　　　　　和　　　　積

解き方

公式①の■に2を，●に4をあてはめて計算します。

$(x+2)(x+4)$
$=x^2+(2+4)x+2×4$
　　　　　和　　　　積
$=x^2+6x+8$

$(x+■)(x+●)=x^2+(■+●)x+■×●$

なるほど！

! 公式を忘れたら

展開の基本公式を使って展開できます。　展開の基本公式は **P61**

$(x+2)(x+4)=x^2+4x+2x+8=x^2+6x+8$

こんなときは 式の中に負の数がある

問題 $(x+2)(x-4)=?$

解き方

$(x+2)\{x+(-4)\}$ とみて，公式①にあてはめます。
$(x+2)(x-4)=x^2+\{2+(-4)\}x+2×(-4)=x^2-2x-8$

多項式の計算

56 $(x+a)^2$ の展開

中3

問題 レベル ★★☆

$$(x+5)^2 = ?$$

解くための材料

暗記 乗法公式② $(x+■)^2 = x^2 + \underset{2倍}{2×■} × x + \underset{2乗}{■^2}$

解き方

公式②の■に5をあてはめて計算します。

$(x+5)^2$
$= x^2 + \underset{2倍}{2×5} × x + \underset{2乗}{5^2}$ ← $(x+■)^2 = x^2 + 2×■×x + ■^2$
$= x^2 + 10x + 25$

▼公式②を忘れてもだいじょうぶ！

公式①を使って展開できます。

$(x+5)^2 = (x+5)(x+5)$
$\quad\quad = x^2 + (5+5)x + 5×5$ ← $(x+■)(x+●) = x^2 + (■+●)x + ■×●$
$\quad\quad = x^2 + 10x + 25$

乗法公式①は **P62**

また，展開の基本公式を使っても展開できます。

$(x+5)^2 = (x+5)(x+5)$
$\quad\quad = x^2 + 5x + 5x + 25$ ← $(a+b)(c+d) = ac+ad+bc+bd$
$\quad\quad = x^2 + 10x + 25$

展開の基本公式は **P61**

多項式の計算

57 $(x-a)^2$ の展開

中3

問題 レベル ★★☆

$$(x-8)^2 = ?$$

解くための材料

暗記 乗法公式③　$(x-\blacksquare)^2 = x^2 - 2\times\blacksquare\times x + \blacksquare^2$
　　　　　　　　　　　　　　　2倍　　　　2乗

解き方

公式③の■に8をあてはめて計算します。

$(x-8)^2$
$= x^2 - 2\times 8 \times x + 8^2$　　$(x-\blacksquare)^2 = x^2 - 2\times\blacksquare\times x + \blacksquare^2$
　　　　2倍　　　2乗
　↑
ここの符号は−

$= x^2 - 16x + 64$

▼公式②を使って展開できる！

−■を+(−■)と考えれば，公式②を使って展開できます。

$(x-8)^2 = \{x+(-8)\}^2$　　← −8を+(−8)とみる
　　　　$= x^2 + 2\times(-8)\times x + (-8)^2$　　$(x+\blacksquare)^2 = x^2 + 2\times\blacksquare\times x + \blacksquare^2$
　　　　$= x^2 - 16x + 64$

乗法公式②は **P63**

展開の基本公式でもできるよ！

展開の基本公式を使って，
$(x-8)^2 = (x-8)(x-8)$
　　　　$= x^2 - 8x - 8x + 64$
　　　　$= x^2 - 16x + 64$
と展開できるよ。

多項式の計算

58 $(x+a)(x-a)$ の展開

中3

問題 レベル ★★☆

$$(x+6)(x-6)=?$$

解くための材料

暗記 乗法公式④ $(x+■)(x-■)=x^2-■^2$
　　　　　　　　　　　　　　　　　　　2乗

解き方

公式④の■に6をあてはめて計算します。

$(x+6)(x-6)$
$=x^2-6^2$　　　$(x+■)(x-■)=x^2-■^2$
　　　2乗
$=x^2-36$

▼公式①を使って展開できる！
$(x+6)(x-6)=x^2+\{6+(-6)\}x+6\times(-6)=x^2+0\times x-36=x^2-36$
$(x+■)(x+●)=x^2+(■+●)x+■\times●$

こんなときは　くふうすれば公式が使える

問題 $(x+9)(9-x)=?$

解き方

$(x+9)$ を $(9+x)$ とすれば、公式④を使って展開できます。

$(x+9)(9-x)=(9+x)(9-x)$　　　$(x+■)(x-■)=x^2-■^2$
　　　　　　　$=9^2-x^2$
　　　　　　　$=81-x^2$

多項式の計算

59 乗法公式を使った展開　中3

問題　レベル ★★★

(1) $(x+3y)(x+7y) = ?$

(2) $(-a+4b)(-a-4b) = ?$

解くための材料

各項を1つの文字とみて，乗法公式にあてはめる。

解き方

(1) $3y$ を■，$7y$ を●とみて，公式①にあてはめて計算します。

$$(x+3y)(x+7y)$$
$$=x^2+(\underbrace{3y+7y}_{\text{和}})x+\underbrace{3y \times 7y}_{\text{積}}$$
$$=x^2+10xy+21y^2$$

$(x+■)(x+●)$
$=x^2+(■+●)x+■×●$

(2) $-a$ を x，$4b$ を■とみて，公式④にあてはめて計算します。

$$(-a+4b)(-a-4b)$$
$$=(-a)^2-(4b)^2$$
$$=a^2-16b^2$$

$(x+■)(x-■)=x^2-■^2$

乗法公式は暗記しておこう。

因数分解で使うよー。

! 乗法公式

① $(x+a)(x+b)=x^2+(a+b)x+ab$
② $(x+a)^2=x^2+2ax+a^2$
③ $(x-a)^2=x^2-2ax+a^2$
④ $(x+a)(x-a)=x^2-a^2$

多項式の計算

60 乗法公式を使った計算

中3

問題　　　　　　　　　　　　　　レベル ★★★

(1) $(x+4)^2 + (x+5)(x-5) = ?$

(2) $(x+2)(x-9) - (x-3)^2 = ?$

🍽 **解くための材料**

乗法部分を展開 → 同類項をまとめる。

🍳 **解き方**

(1) $(x+4)^2 + (x+5)(x-5)$
　　　　　↓ $x^2+2\times4\times x+4^2$　↓ x^2-5^2　　乗法部分を，公式を使って展開
$= x^2+8x+16 + x^2-25$　　　　同類項をまとめる
$= 2x^2+8x-9$

(2) $(x+2)(x-9) - (x-3)^2$
$x^2+\{2+(-9)\}x+2\times(-9)$　$x^2-2\times 3\times x+3^2$　乗法部分を，公式を使って展開
$= x^2-7x-18 - (x^2-6x+9)$
　　　　　　　　　　　　　　　　ー( )の形の計算では，展開した式を
　　　　　　　　　　　　　　　　かっこでくくっておく
$= x^2-7x-18-x^2+6x-9$
$= -x-27$　　　　　　　　同類項をまとめる

▼うしろの項の符号の変え忘れに注意！

● (x^2-6x+9) 　$= -x^2-6x+9$ 　誤
　　　　　　　　$= -x^2+6x-9$ 　正

多項式の計算

61 素因数分解

中3

問題 レベル ★☆☆

180を素因数分解しなさい。

解くための材料

商が**素数**になるまで，素数でくり返しわっていく。

解き方

手順1 小さい素数から順に
わっていきます。

```
2 ) 180     180÷2
2 )  90      90÷2
3 )  45      45÷3
3 )  15      15÷3
      5
```

手順2 商が素数になったら
やめます。

手順3 わった数と商を積の
形で表します。 → $180 = 2^2 \times 3^2 \times 5$

↑ 同じ数の積は，累乗の指数を使って表す

▼素数とは？

1とその数自身のほかに約数がない数を**素数**といています。
ただし，1は素数ではありません。

1はちがうよ。

！ 素因数分解

自然数を素因数の積の形で表すことを，
その数を**素因数分解する**といいます。

$42 = 2 \times 3 \times 7$
↑ ↑ ↑
42の素因数

多項式の計算

62 素因数分解を使って

中3

問題　レベル ★★★

63にできるだけ小さい自然数をかけて，ある自然数の2乗になるようにします。どんな数をかければよいですか。

解くための材料

すべての素因数の累乗の指数を偶数にする。

解き方

手順1　63を素因数分解すると，
$$63 = 3^2 \times 7$$

$$\begin{array}{r} 3\,)\,63 \\ 3\,)\,21 \\ \hline 7 \end{array}$$

手順2　$3^2 \times 7$ に7をかけると，
$$(3^2 \times 7) \times 7 = 3^2 \times 7^2 = (3 \times 7)^2 = 21^2$$

7をかけて指数を2にする

となり，21の2乗になります。
これより，かける数は **7**

▼最大公約数・最小公倍数の求め方

60と90の最大公約数と最小公倍数は，次のように求めることができます。

● 最大公約数
共通な素因数をすべてかける。

$$\begin{array}{r} 60 = 2 \times 2 \times 3 \times 5 \\ 90 = 2 \times 3 \times 3 \times 5 \\ \hline 2 \times 3 \times 5 = 30 \end{array}$$

● 最小公倍数
共通な素因数と残りの素因数をかける。

$$\begin{array}{r} 60 = 2 \times 2 \times 3 \times 5 \\ 90 = 2 \times 3 \times 3 \times 5 \\ \hline 2 \times 2 \times 3 \times 3 \times 5 = 180 \end{array}$$

数と式　方程式　関数　図形　確率・統計

多項式の計算

63 共通因数をくくり出す

中3

問題

レベル ★☆☆

$5ax+15bx$ を因数分解しなさい。

🍽 解くための材料

因数分解の基本は，**共通因数**をくくり出す。

🍳 解き方

$5ax+15bx$

$= 5 \times a \times x + 3 \times 5 \times b \times x$ ← 共通因数があるか調べる

（共通因数） ← 共通因数をくくり出す

$= 5x(a+3b)$

▼共通因数はすべてくくり出す！

右のように，多項式の中に共通因数が残っていては，因数分解したことになりません。

$5(ax+3bx)$
$x(5a+15b)$

こんなときは 項が3つの多項式

問題 $4x^2y-8xy^2+6xy$ を因数分解しなさい。

🍳 解き方

$4x^2y-8xy^2+6xy$

$= 2 \times 2 \times x \times x \times y - 2 \times 4 \times x \times y \times y + 2 \times 3 \times x \times y$

$= 2xy(2x-4y+3)$ ← 共通因数をくくり出す

多項式の計算

64 $(x+a)(x+b)$ の公式の利用

中3

問題 レベル ★★☆

x^2+5x+6 を因数分解しなさい。

解くための材料

$x^2+(\blacksquare+\bullet)x+\blacksquare\times\bullet=(x+\blacksquare)(x+\bullet)$
　　　　和　　　　　積

解き方

和が5，積が6となる2つの数の組を見つけます。

右のように，積が6になる2つの数の組は4組あります。

積が6	和が5
1と6	×
−1と−6	×
2と3	○
−2と−3	×

このうち，和が5になるのは，

　　2と3

だから，

$x^2+5x+6=(x+2)(x+3)$

積が6になる2つの数の組を求めて，その中から和が5になる組を求める

乗法公式①は **P62**

こんなときは 式の中に負の符号がある

問題 x^2-5x-6 を因数分解しなさい。

解き方

和が−5，積が−6となる2つの数は，右の表より，1と−6だから，

$x^2-5x-6=(x+1)(x-6)$

積が−6	和が−5
−1と6	×
1と−6	○
−2と3	×
2と−3	×

多項式の計算

65 $(x+a)^2$ の公式の利用

中3

問題 レベル ★★☆

$$x^2+8x+16$$ を因数分解しなさい。

解くための材料

暗記 $x^2+2\times\blacksquare\times x+\blacksquare^2=(x+\blacksquare)^2$
　　　　　2倍　　　　2乗

解き方

$x^2+\underline{8x}+\underline{16}$ ← まず■がある数の2乗になっているか調べる

次に●がある数の2倍になっているか調べる

$=x^2+2\times 4\times x+4^2$
$=(x+4)^2$

$x^2+2\times\blacksquare\times x+\blacksquare^2=(x+\blacksquare)^2$

2乗発見！

$x^2+●x+\blacksquare$ の形の式では、まず■に着目！
■がある数の2乗になっていたら、平方の公式を考えよう。

乗法公式②は P63

こんなときは ▲$x^2+●xy+\blacksquare y^2$ の形の式

問題 $9x^2+12xy+4y^2$ を因数分解しなさい。

解き方

▲$x^2+●xy+\blacksquare y^2$ の形の式で、▲，■がある数の2乗になっていたら、上の公式が使えるか考えます。

$9x^2+12xy+4y^2$
$=(3x)^2+2\times 2y\times 3x+(2y)^2$　　$3x, 2y$ を1つの文字とみる
$=(3x+2y)^2$

多項式の計算

66 $(x-a)^2$ の公式の利用

中3

問題 レベル ★★☆

$x^2 - 14x + 49$ を因数分解しなさい。

🍴 解くための材料

🍎暗記 $x^2 - 2 \times \blacksquare \times x + \blacksquare^2 = (x - \blacksquare)^2$
          2倍   2乗

🍳 解き方

$x^2 - \underline{14x} + \underline{49}$ ← まず■がある数の2乗になっているか調べる

　　　　　　　　　　次に■がある数の2倍になっているか調べる

$= x^2 - 2 \times 7 \times x + 7^2$ 　$x^2 - 2 \times \blacksquare \times x + \blacksquare^2 = (x - \blacksquare)^2$

$= (x - 7)^2$
　　↑
　ここの符号は−

乗法公式③は **P64**

こんなときは ▶ 式の中に分数がある

問題 $a^2 - \dfrac{2}{3}a + \dfrac{1}{9}$ を因数分解しなさい。

🍳 解き方

$\dfrac{1}{9} = \left(\dfrac{1}{3}\right)^2$, $2 \times \dfrac{1}{3} \times a = \dfrac{2}{3}a$ より，上の公式を利用できます。

$a^2 - \dfrac{2}{3}a + \dfrac{1}{9} = a^2 - 2 \times \dfrac{1}{3} \times a + \left(\dfrac{1}{3}\right)^2$

$\phantom{a^2 - \dfrac{2}{3}a + \dfrac{1}{9}} = \left(a - \dfrac{1}{3}\right)^2$

多項式の計算

67 $(x+a)(x-a)$ の公式の利用 中3

問題 レベル ★★☆

$$x^2 - 81$$ を因数分解しなさい。

解くための材料

暗記 $x^2 - \underset{\text{2乗}}{\blacksquare^2} = (x + \blacksquare)(x - \blacksquare)$

解き方

平方の差の形の式は，和と差の積に因数分解できます。

$x^2 - 81$
$= x^2 - 9^2$
$= (x+9)(x-9)$ ← $x^2 - \blacksquare^2 = (x+\blacksquare)(x-\blacksquare)$

平方の和の形の式を
$x^2 + 81 = (x+9)(x-9)$
としないように注意。

じゃなくて

乗法公式④は **P65**

こんなときは ▶ $\blacksquare a^2 - \bullet b^2$ の形の式

問題 $25a^2 - \dfrac{b^2}{4}$ を因数分解しなさい。

解き方

$25a^2 = (5a)^2$, $\dfrac{b^2}{4} = \left(\dfrac{b}{2}\right)^2$ より，上の公式を利用できます。

$25a^2 - \dfrac{b^2}{4} = (5a)^2 - \left(\dfrac{b}{2}\right)^2$ ← $5a$, $\dfrac{b}{2}$ を1つの文字とみる

$= \left(5a + \dfrac{b}{2}\right)\left(5a - \dfrac{b}{2}\right)$

多項式の計算

68 くくり出してから公式を利用

中3

問題 レベル ★★★

因数分解しなさい。

(1) $3x^2 - 21x + 30$

(2) $a^3b - ab^3$

解くための材料

共通因数をくくり出す → 公式を利用する。

解き方

まず共通因数をくくり出してから，さらに公式を使って因数分解します。

(1) $3x^2 - 21x + 30$
   $\underline{3\times x^2}\ \underline{3\times 7x}\ \underline{3\times 10}$ 　　共通因数3をくくり出す
   $= 3(x^2 - 7x + 10)$ 　　かっこの中を因数分解する
   $= 3(x-2)(x-5)$ 　　$x^2+(■+●)x+■\times●=(x+■)(x+●)$

(2) $a^3b - ab^3$
   $\underline{ab\times a^2}\ \underline{ab\times b^2}$ 　　共通因数abをくくり出す
   $= ab(a^2 - b^2)$ 　　$x^2-■^2=(x+■)(x-■)$
   $= ab(a+b)(a-b)$

公式を利用した因数分解に慣れてくると，すぐに公式にあてはめようとしがちだね。でも，ちょっとまって！共通因数を見つけたら，まず共通因数をくくり出そう！

まず問題をよく見る！

多項式の計算

69 1つの文字におきかえて 中3

問題 レベル ★★★

$$(x+2)^2+3(x+2)-28$$

を因数分解しなさい。

解くための材料

式の中の共通部分を1つの文字におきかえる。

解き方

$x+2$ を M とおいて，公式を利用します。

$$(x+2)^2+3(x+2)-28$$
$$=M^2+3M-28$$
$$=(M+7)(M-4)$$
$$=\{(x+2)+7\}\{(x+2)-4\}$$
$$=(x+9)(x-2)$$

↳ $x+2$ を M とおく
↳ $x^2+(■+●)x+■×●=(x+■)(x+●)$
↳ M を $x+2$ にもどす

こんなときは 共通部分をつくって

問題 $a^2-ab-ac+bc$ を因数分解しなさい。

解き方

前の2つの項の共通因数 a と，うしろの2つの項の共通因数 c をくくり出します。

$$a^2-ab-ac+bc=a(a-b)-c(a-b)$$
$$=aM-cM$$
$$=M(a-c)$$
$$=(a-b)(a-c)$$

↳ $a-b$ を M とおく
↳ 共通因数 M をくくり出す
↳ M を $a-b$ にもどす

多項式の計算

70 数の計算への利用

中3

問題　レベル ★★★

くふうして計算しなさい。

(1) 99^2　　(2) $75^2 - 25^2$

解くための材料

式を変形して，乗法公式や因数分解を利用する。

解き方

(1) $99 = 100 - 1$ と変形して，**乗法公式**を利用します。

99^2
$= (100-1)^2$
$= 100^2 - 2 \times 1 \times 100 + 1^2$
$= 10000 - 200 + 1$
$= 9801$

　$99 = 100 - 1$
　乗法公式を利用して計算
　$(x - ■)^2 = x^2 - 2 \times ■ \times x + ■^2$

(2) 式が2乗の差の形になっているので，**因数分解**して計算します。

$75^2 - 25^2$
$= (75 + 25)(75 - 25)$
$= 100 \times 50$
$= 5000$

　因数分解を利用して計算
　$x^2 - ■^2 = (x + ■)(x - ■)$

このように，乗法公式や因数分解を利用すると，数の計算がカンタンになる場合があるよ。

77

多項式の計算

71 乗法公式を利用する式の値

中3

問題　レベル★★★

$x=-5$ のとき，$(x-7)^2-(x-4)(x-6)$ の値を求めなさい。

解くための材料

乗法公式を利用して，式をカンタンにしてから数を代入する。

解き方

まず，乗法部分を展開して同類項をまとめて，式をカンタンにします。

$(x-7)^2 - (x-4)(x-6)$ ← 乗法公式を使って展開する

$= x^2-14x+49 - (x^2-10x+24)$ ← かっこをはずす

$= x^2-14x+49 - x^2+10x-24$ ← 同類項をまとめる

$= -4x+25$

x の値を代入する

$= -4 \times (-5) + 25$ ← 負の数は( )をつけて代入する

$= 20+25$

$= 45$

ほら。
あっまちがえてる！

-( )のかっこをはずすときは，かっこの中の各項の符号の変化に注意しよう。

▼うしろの項の符号の変え忘れに注意

$-(x^2-10x+24)$
　→ $= -x^2-10x+24$　誤
　→ $= -x^2+10x-24$　正

代入と式の値は P33

多項式の計算

72 因数分解を利用する式の値

中3

問題 レベル ★★★

$x=104$ のとき，$x^2-8x+16$ の値を求めなさい。

解くための材料

式を因数分解してから数を代入する。

解き方

$x^2-8x+16$
$=(x-4)^2$ ← 因数分解する
$=(104-4)^2$ ← xの値を代入する
$=100^2$
$=10000$

式を因数分解しないで，代入すると，計算がタイヘンだよ。

こんなときは 文字が2つある式の値

問題 $a=6.4$，$b=3.6$ のとき，a^2-b^2 の値を求めなさい。

解き方

式を因数分解してから代入すると，計算がカンタンになります。

$a^2-b^2=(a+b)(a-b)$ ← 因数分解する
$=(6.4+3.6)(6.4-3.6)$ ← $a=6.4$，$b=3.6$を代入する
$=10\times2.8$
$=28$

2つの文字に代入する式の値は P55

多項式の計算

73 連続する整数の証明

中3

問題

レベル ★★☆

連続する2つの整数で，大きいほうの整数の2乗から小さいほうの整数の2乗をひいた差は，もとの2つの整数の和に等しいことを証明しなさい。

解くための材料

連続する整数の2乗の差 → $(n+1)^2 - n^2$

解き方 証明

手順1 2つの整数を文字式で表す

小さいほうの整数を n とすると，大きいほうの整数は $n+1$ と表せる。

手順2 2つの整数の2乗の差を文字式で表す

2つの整数の2乗の差は，

$(n+1)^2 - n^2$
$= n^2 + 2n + 1 - n^2$ ← $(x+■)^2 = x^2 + 2 \times ■ \times x + ■^2$
$= 2n + 1$
$= n + (n+1)$ ← 連続する2つの整数の和の形の式を導く

手順3

$n+(n+1)$ はもとの2つの整数の和である。
したがって，連続する2つの整数で，大きいほうの整数の2乗から小さいほうの整数の2乗をひいた差は，もとの2つの整数の和に等しい。

連続する3つの整数は P57

多項式の計算

74 連続する奇数の証明

中3

問題

レベル ★★☆

連続する2つの奇数で，大きいほうの奇数の2乗から小さいほうの奇数の2乗をひいた差は8の倍数になることを証明しなさい。

🍳 解くための材料

連続する奇数の2乗の差 → $(2n+3)^2-(2n+1)^2$

🍳 解き方　証明

手順 1
2つの奇数を文字式で表す

小さいほうの奇数を $2n+1$ とすると，大きいほうの奇数は $2n+3$ と表せる。

手順 2
2つの奇数の2乗の差を文字式で表す

2つの奇数の2乗の差は，

$(2n+3)^2-(2n+1)^2$
$=4n^2+12n+9-(4n^2+4n+1)$
$=4n^2+12n+9-4n^2-4n-1$
$=8n+8$
$=8(n+1)$ ← 8×(整数)の形の式を導く

$(x+■)^2$
$=x^2+2×■×x+■^2$

符号の変化に注意

手順 3
ここで，$n+1$ は整数だから，$8(n+1)$ は8の倍数である。したがって，連続する2つの奇数で，大きいほうの奇数の2乗から小さいほうの奇数の2乗をひいた差は8の倍数になる。

倍数になることの説明は ▶ P57

平方根

75 平方根の求め方

中3

問題　レベル ★☆☆

平方根を求めなさい。

(1) 16　(2) $\dfrac{9}{25}$　(3) 0.36

解くための材料

a の平方根は2乗すると a になる数である。

解き方

正の数 a の平方根は正の数と負の数の2つがあり，その絶対値は等しくなります。

(1) $4^2=16$，$(-4)^2=16$ だから，

　　16の平方根は，**4と−4**

　　↑ 4と−4をまとめて±4と表すこともできる

(2) $\left(\dfrac{3}{5}\right)^2=\dfrac{9}{25}$，$\left(-\dfrac{3}{5}\right)^2=\dfrac{9}{25}$ だから，← $5^2=25$，$3^2=9$

　　$\dfrac{9}{25}$ の平方根は，**$\dfrac{3}{5}$ と $-\dfrac{3}{5}$**

> 正の分数や，正の小数についても，平方根は2つあるよ。

(3) $0.6^2=0.36$，$(-0.6)^2=0.36$ だから，

　　0.36の平方根は，**0.6と−0.6**

▼0の平方根は？　負の数の平方根は？

　2乗して0になる数は0だけなので，0の平方根は0です。

　正の数も負の数も2乗すると正の数になるので，負の数の平方根はありません。

平方根

76 平方根の表し方

中3

問題 レベル ★☆☆

3の平方根を求めなさい。

解くための材料

a の平方根 → $\sqrt{a}$ と $-\sqrt{a}$ の2つ。

解き方

3の平方根は，「■^{2}＝3」の■にあてはまる数ですが，このような整数，小数，分数はありません。

このようなときは，**根号 $\sqrt{}$** を使って表します。

$\sqrt{a}$ は「**ルート a**」と読みます。

3の平方根のうち，

　正のほうを $\sqrt{3}$，負のほうを $-\sqrt{3}$ ← まとめて $\pm\sqrt{3}$ と表すこともできる

と表します。

こんなときは▶ 根号を使わない表し方

問題 次の数を根号を使わないで表しなさい。

(1) $-\sqrt{49}$ (2) $\sqrt{(-5)^2}$

解き方

$\sqrt{}$ の中の数がある数の2乗になっているときは，$\sqrt{}$ をはずして表すことができます。

(1) $-\sqrt{49}$ は49の平方根のうちの負のほうを表す。

$-\sqrt{49}=-\sqrt{7^2}=\mathbf{-7}$　← $\sqrt{}$ の中が7の2乗

(2) $\sqrt{(-5)^2}=\sqrt{25}=\sqrt{5^2}=\mathbf{5}$　← $\sqrt{}$ の中が5の2乗

平方根

77 平方根の性質

中3

問題 レベル ★★★

$\sqrt{50-2a}$ が自然数になるような，自然数 a の値をすべて求めなさい。

解くための材料

$\sqrt{}$ の中が (自然数)^2 になるような a の値を求める。

解き方

$50-2a$ は50より小さい自然数になるから，50より小さい自然数で，自然数の2乗になる数を求めると，

1, 4, 9, 16, 25, 36, 49

また，$50-2a$ は偶数になるから，
偶数−偶数＝偶数

4, 16, 36

になります。

これより，

$50-2a=4$ のとき，$a=23$
$50-2a=16$ のとき，$a=17$
$50-2a=36$ のとき，$a=7$

答 7, 17, 23

平方数を覚えておくと，平方根の計算ですご〜く役に立つよ。

▼平方数とは？

整数の2乗の形で表される数を<u>平方数</u>といいます。
平方数には，次のようなものがあります。
$1^2=1$, $2^2=4$, $3^2=9$, $4^2=16$, $5^2=25$, $6^2=36$, $7^2=49$, $8^2=64$, $9^2=81$, $10^2=100$

平方根

78 正の平方根の大小

中3

問題 レベル ★★☆

各組の数の大小を不等号を使って表しなさい。
(1) $\sqrt{5}$, $\sqrt{6}$　　(2) $\sqrt{17}$, 4

解くための材料

a, bが正の数のとき, $a<b$ ならば $\sqrt{a}<\sqrt{b}$

解き方

(1) 5<6だから, $\sqrt{5}<\sqrt{6}$　←── $\sqrt{}$ の中の数の大小を比べる

(2) $\sqrt{}$ のついた数と $\sqrt{}$ のつかない数の大小は, $\sqrt{}$ のつかない数を $\sqrt{}$ のついた数で表して比べます。

　4 を $\sqrt{}$ を使って表すと, $4=\sqrt{16}$　←── $4=\sqrt{4^2}=\sqrt{16}$
　17>16だから, $\sqrt{17}>\sqrt{16}$　←── $\sqrt{}$ の中の数の大小を比べる
　これより, $\sqrt{17}>4$

こんなときは ▶ 3つの数の大小

問題 3, $\sqrt{10}$, $\sqrt{7}$ の大小を不等号を使って表しなさい。

解き方

　3 を $\sqrt{}$ を使って表すと, $3=\sqrt{3^2}=\sqrt{9}$ ←── 整数を $\sqrt{}$ のついた数で表す
　7<9<10だから, $\sqrt{7}<\sqrt{9}<\sqrt{10}$　←── $\sqrt{}$ の中の数の大小を比べる
　これより, $\sqrt{7}<3<\sqrt{10}$

平方根

79 負の平方根の大小

中3

問題　レベル ★★☆

各組の数の大小を不等号を使って表しなさい。
(1) $-\sqrt{11}, -\sqrt{13}$　　(2) $-\sqrt{26}, -5$

解くための材料

a, bが正の数のとき，$a<b$ ならば $-\sqrt{a}>-\sqrt{b}$

解き方

(1) 11＜13だから，← √ の中の数の大小を比べる
$\sqrt{11}<\sqrt{13}$

負の数は，絶対値が大きいほど小さいから，
$-\sqrt{11}>-\sqrt{13}$
↑ 負の平方根は，√ の中の数が大きくなるほど小さくなる

(2) 5を√ を使って表すと，
$5=\sqrt{5^2}=\sqrt{25}$ ← 整数を√ のついた数で表す
26＞25だから，← √ の中の数の大小を比べる
$\sqrt{26}>\sqrt{25}$

負の数は，絶対値が大きいほど小さいから，
$-\sqrt{26}<-\sqrt{25}$
これより，$-\sqrt{26}<-5$

負の数の大小は P11

平方根

80 根号の中の数を求める

中3

問題　レベル ★★☆

$2 < \sqrt{n} < 3$ にあてはまる自然数 n の値をすべて求めなさい。

解くための材料

■ $< \sqrt{n} <$ ● を ■$^2 < n <$ ●^{2} として考える。

解き方

自然数 2, $\sqrt{n}$, 3 をそれぞれ 2 乗しても大小関係は変わりません。そこで, それぞれの数を 2 乗して, $\sqrt{}$ をはずします。

$2 < \sqrt{n} < 3$
$2^2 < (\sqrt{n})^2 < 3^2$ … それぞれの数を2乗する / $\sqrt{}$ をはずす
$4 < n < 9$

この式にあてはまる自然数 n の値は, **5, 6, 7, 8**

こんなときは　小数 $< \sqrt{n} <$ 小数

問題 $1.5 < \sqrt{n} < 2.5$ にあてはまる自然数 n の値をすべて求めなさい。

解き方

$1.5 < \sqrt{n} < 2.5$
$1.5^2 < (\sqrt{n})^2 < 2.5^2$ … それぞれの数を2乗する / $\sqrt{}$ をはずす
$2.25 < n < 6.25$

この式にあてはまる自然数 n の値は, **3, 4, 5, 6**

平方根

81 有理数と無理数

中3

問題　レベル ★☆☆

有理数と無理数に分けなさい。

$$-6,\ 0.7,\ \sqrt{3},\ -\sqrt{49},\ \frac{\sqrt{25}}{3},\ -\sqrt{\frac{10}{2}}$$

解くための材料

分数の形で表すことができれば**有理数**，できなければ**無理数**。

解き方

それぞれの数を，分数の形で表すことができるか調べます。

$-6 = -\dfrac{6}{1}$　← 整数は分母を1とする分数で表せる

$0.7 = \dfrac{7}{10}$　← 小数は分母を10，100などとする分数で表せる

$\sqrt{3} = 1.7320508\cdots$　← どこまでも続く小数となり，分数で表せない

$-\sqrt{49} = -7 = -\dfrac{7}{1}$　← $49 = 7^2$だから，$\sqrt{49} = 7$

$\dfrac{\sqrt{25}}{3} = \dfrac{5}{3}$　← $25 = 5^2$だから，$\sqrt{25} = 5$

$-\sqrt{\dfrac{10}{2}} = -\sqrt{5} = -2.2360679\cdots$

> $\sqrt{}$がついていても無理数とはかぎらないよ。$\sqrt{49}=7$のように，$\sqrt{}$がとれて有理数になる場合があるね。

答 有理数… $-6,\ 0.7,\ -\sqrt{49},\ \dfrac{\sqrt{25}}{3}$

　　　無理数… $\sqrt{3},\ -\sqrt{\dfrac{10}{2}}$

√の中が平方数だから！

平方根

82 根号がついた数の乗法

中3

問題

レベル ★★★

(1) $\sqrt{2} \times \sqrt{7} = ?$

(2) $\sqrt{3} \times (-\sqrt{12}) = ?$

解くための材料

平方根の積 $\sqrt{a} \times \sqrt{b} = \sqrt{a \times b}$

解き方

根号がついた数の乗法は、$\sqrt{}$ の中の数の積を求め、その積に $\sqrt{}$ をつけます。

(1) $\sqrt{2} \times \sqrt{7} = \sqrt{2 \times 7} = \sqrt{14}$

(2) $\sqrt{3} \times (-\sqrt{12}) = -\sqrt{3 \times 12}$
　　　　　　　↑
　　　　−の符号は$\sqrt{}$ の前に出す

$= -\sqrt{36}$
$= -6$　　$36 = 6^2$

負の数が混じった乗法は、はじめに、積の符号を決めてから計算しよう。

2つの数の乗法は **P16**

こんなときは ▶ 3つの平方根の乗法

問題 $-\sqrt{5} \times \sqrt{7} \times (-\sqrt{2}) = ?$

解き方

すべての根号の中の数の積に $\sqrt{}$ をつけます。

$-\sqrt{5} \times \sqrt{7} \times (-\sqrt{2}) = +\sqrt{5 \times 7 \times 2} = \sqrt{70}$

　　　　　　　　　　$\sqrt{a} \times \sqrt{b} \times \sqrt{c} = \sqrt{a \times b \times c}$

3つの数の乗法は **P18**

平方根

83 根号がついた数の除法 中3

問題 レベル ★☆☆

(1) $\sqrt{35} \div \sqrt{5} = ?$

(2) $-\sqrt{48} \div \sqrt{3} = ?$

解くための材料

平方根の商 $\sqrt{a} \div \sqrt{b} = \sqrt{\dfrac{a}{b}}$

解き方

根号がついた数の除法は，$\sqrt{}$ の中の数の商を求め，その商に $\sqrt{}$ をつけます。

(1) $\sqrt{35} \div \sqrt{5} = \sqrt{\dfrac{35}{5}} = \sqrt{7}$

約分

(2) $-\sqrt{48} \div \sqrt{3} = -\sqrt{\dfrac{48}{3}} = -\sqrt{16} = -4$

商の符号を決めて，$\sqrt{}$ の前に出す

2つの数の除法は P21

こんなときは 根号の中に分数がある除法

問題 $\sqrt{6} \div \sqrt{\dfrac{3}{5}} = ?$

解き方

$\sqrt{6} \div \sqrt{\dfrac{3}{5}} = \sqrt{6 \div \dfrac{3}{5}} = \sqrt{6 \times \dfrac{5}{3}} = \sqrt{10}$

逆数にしてかける

平方根

84 根号がついた数の変形

中3

問題 レベル ★☆☆

$5\sqrt{3}$ を，$\sqrt{\blacksquare}$ の形に表しなさい。

解くための材料

√の外の数を√の中へ　　$a\sqrt{b}=\sqrt{a^2 b}$　　√の中の数を√の外へ

解き方

√の外の数を2乗して，√の中に入れることができます。

$5\sqrt{3}$
$=\sqrt{5^2}\times\sqrt{3}$ ← 2乗して√がついた数にする
$=\sqrt{25}\times\sqrt{3}$
$=\sqrt{25\times 3}$ ← $\sqrt{a}\times\sqrt{b}=\sqrt{ab}$
$=\sqrt{75}$

こんなときは ● $\bullet\sqrt{\blacksquare}$ の形への変形

問題 $\sqrt{180}$ を，$\bullet\sqrt{\blacksquare}$ の形に表しなさい。

解き方

√の中の数を，$\bullet^2\times\blacksquare$ の形にして，$\bullet^2$ の部分を√の外に出すことができます。

$\sqrt{180}$
$=\sqrt{2^2\times 3^2\times 5}$ ← 180を素因数分解する
$=\sqrt{2^2}\times\sqrt{3^2}\times\sqrt{5}$
$=2\times 3\times\sqrt{5}$ ← $\bullet^2$ の部分を外へ
$=6\sqrt{5}$

```
2) 180
2)  90
3)  45
3)  15
    5
```

素因数分解は **P68**

平方根

85 $a\sqrt{b}$ の形にする乗法

中3

問題 レベル ★★☆

$$\sqrt{18} \times \sqrt{24} = ?$$

解くための材料

根号のついた数を $a\sqrt{b}$ の形にして計算する。

解き方

$\sqrt{18} \times \sqrt{24}$
$= \sqrt{2 \times 3^2} \times \sqrt{2^2 \times 6}$
$= 3\sqrt{2} \times 2\sqrt{6}$ ← $a\sqrt{b}$ の形
$= 3 \times 2 \times \sqrt{2} \times \sqrt{6}$
$= 6 \times \sqrt{12}$
$= 6 \times 2\sqrt{3}$
$= 12\sqrt{3}$ ← $\sqrt{}$ の中の数をできるだけカンタンな数にして答える

▼先に $\sqrt{}$ の中の数をかけると…
$\sqrt{18} \times \sqrt{24} = \sqrt{18 \times 24} = \sqrt{432}$
432を素因数分解すると,$432 = 2^4 \times 3^3$
これより,
$\sqrt{432} = \sqrt{2^4 \times 3^3} = \sqrt{2^4 \times 3^2 \times 3}$
$= 2^2 \times 3 \times \sqrt{3} = 4 \times 3 \times \sqrt{3} = 12\sqrt{3}$

こんなときは 平方根の積の形に分ける計算

問題 $\sqrt{30} \times \sqrt{70} = ?$

解き方

$\sqrt{\blacksquare}$ を,$\sqrt{\bullet} \times \sqrt{\blacktriangle}$ の形に分解して計算します。

$\sqrt{30} \times \sqrt{70}$
$= \sqrt{2} \times \sqrt{3} \times \sqrt{5} \times \sqrt{2} \times \sqrt{5} \times \sqrt{7}$ ← 平方根の積の形で表す
$= 2 \times 5 \times \sqrt{3} \times \sqrt{7}$
$= 10\sqrt{21}$

平方根

86 根号がついた数の乗除

中3

問題 レベル ★★☆

$$4\sqrt{3} \times \sqrt{10} \div 2\sqrt{6} = ?$$

解くための材料

√ のついた数を分解して約分する。

解き方

√ の中の数が同じならば，文字式の計算と同じように約分できます。

$$4\sqrt{3} \times \sqrt{10} \div 2\sqrt{6}$$
$$= \frac{4\sqrt{3} \times \sqrt{10}}{2\sqrt{6}}$$ ← かける数を分子に，わる数を分母にする

$$= \frac{\overset{2}{4} \times \sqrt{3} \times \sqrt{2} \times \sqrt{5}}{\underset{1}{2} \times \sqrt{2} \times \sqrt{3}}$$ ← $\sqrt{10}=\sqrt{2}\times\sqrt{5}$, $\sqrt{6}=\sqrt{2}\times\sqrt{3}$ に分解

← $\sqrt{2}$, $\sqrt{3}$ で約分できる

$$= 2\sqrt{5}$$

▼ √ のついている数とついていない数に分けて計算

$$4\sqrt{3} \times \sqrt{10} \div 2\sqrt{6}$$
$$= \frac{4}{2} \times \frac{\sqrt{3} \times \sqrt{10}}{\sqrt{6}}$$ ← かける数を分子に，わる数を分母にする

$$= \frac{4}{2} \times \sqrt{\frac{3 \times 10}{6}}$$ ← √ のついた数をひとまとまりにして約分する

$$= 2 \times \sqrt{5}$$
$$= 2\sqrt{5}$$

平方根

87 分母の有理化

中3

問題 レベル ★★☆

分母を有理化しなさい。

(1) $\dfrac{10}{\sqrt{5}}$ (2) $\dfrac{9}{2\sqrt{3}}$

解くための材料

分母の有理化 $\dfrac{a}{\sqrt{b}} = \dfrac{a \times \sqrt{b}}{\sqrt{b} \times \sqrt{b}} = \dfrac{a\sqrt{b}}{b}$

解き方

分母に $\sqrt{}$ がある数は，分母と分子に分母の $\sqrt{}$ のついた数をかけて，分母に $\sqrt{}$ がない形で表すことができます。

(1) $\dfrac{10}{\sqrt{5}} = \dfrac{10 \times \sqrt{5}}{\sqrt{5} \times \sqrt{5}} = \dfrac{10\sqrt{5}}{5} = \mathbf{2\sqrt{5}}$ ← 分母と分子に $\sqrt{5}$ をかける

(2) $\dfrac{9}{2\sqrt{3}} = \dfrac{9 \times \sqrt{3}}{2\sqrt{3} \times \sqrt{3}} = \dfrac{9 \times \sqrt{3}}{2 \times 3} = \dfrac{9\sqrt{3}}{6} = \mathbf{\dfrac{3\sqrt{3}}{2}}$ ← 分母と分子に $\sqrt{3}$ をかける

こんなときは 分母を $a\sqrt{b}$ に変形する有理化

問題 $\dfrac{5}{\sqrt{8}}$ の分母を有理化しなさい。

解き方

$\dfrac{5}{\sqrt{8}} = \dfrac{5}{2\sqrt{2}} = \dfrac{5 \times \sqrt{2}}{2\sqrt{2} \times \sqrt{2}} = \dfrac{5 \times \sqrt{2}}{2 \times 2} = \mathbf{\dfrac{5\sqrt{2}}{4}}$

平方根

88 根号がついた数の加減①

中3

問題 レベル ★☆☆

(1) $3\sqrt{5} + 4\sqrt{5} = ?$

(2) $6\sqrt{3} - 2\sqrt{3} = ?$

解くための材料

加法 $\blacksquare\sqrt{a} + \bullet\sqrt{a} = (\blacksquare + \bullet)\sqrt{a}$

減法 $\blacksquare\sqrt{a} - \bullet\sqrt{a} = (\blacksquare - \bullet)\sqrt{a}$

解き方

$\sqrt{}$ の部分が同じ数は，文字式の同類項と同じように，1つにまとめることができます。

(1) $3\sqrt{5} + 4\sqrt{5}$
 $= (3+4)\sqrt{5}$
 $= 7\sqrt{5}$

←$\blacksquare\sqrt{a} + \bullet\sqrt{a} = (\blacksquare + \bullet)\sqrt{a}$

(2) $6\sqrt{3} - 2\sqrt{3}$
 $= (6-2)\sqrt{3}$
 $= 4\sqrt{3}$

←$\blacksquare\sqrt{a} - \bullet\sqrt{a} = (\blacksquare - \bullet)\sqrt{a}$

$\sqrt{5}$ を a とみると，$3a+4a$ と同じように計算できるよ。

$3\sqrt{5} \to 3a$

同類項のまとめ方は **P47**

こんなときは 加減の混じった計算

問題 $2\sqrt{7} + \sqrt{7} - 5\sqrt{7} = ?$

解き方

$2\sqrt{7} + \sqrt{7} - 5\sqrt{7} = (2+1-5)\sqrt{7} = -2\sqrt{7}$

← $2a + a - 5a$
 $= (2+1-5)a$
 と同じように計算

平方根

89 根号がついた数の加減②

中3

問題 レベル ★★☆

(1) $\sqrt{8}+\sqrt{18}=?$

(2) $\sqrt{24}-\sqrt{54}=?$

解くための材料

$\sqrt{a^2b}=a\sqrt{b}$ を利用して，$\sqrt{}$ の中をできるだけ小さい自然数にする。

解き方

(1) $\sqrt{8}+\sqrt{18}$
$=2\sqrt{2}+3\sqrt{2}$ ← $\sqrt{8}=\sqrt{2^2\times2}$
$\phantom{=2\sqrt{2}+3\sqrt{2}}\sqrt{18}=\sqrt{3^2\times2}$
$=(2+3)\sqrt{2}$
$=5\sqrt{2}$

$\sqrt{}$ の中の数がちがうので，一見，まとめられないように見えるね。
でも，変形して $\sqrt{}$ の中の数をカンタンにすると…。

(2) $\sqrt{24}-\sqrt{54}$
$=2\sqrt{6}-3\sqrt{6}$ ← $\sqrt{24}=\sqrt{2^2\times6}$
$\phantom{=2\sqrt{6}-3\sqrt{6}}\sqrt{54}=\sqrt{3^2\times6}$
$=(2-3)\sqrt{6}$
$=-\sqrt{6}$

こんなときは 加減の混じった計算

問題 $3\sqrt{5}-4\sqrt{3}+\sqrt{27}-\sqrt{20}=?$

解き方

まず，$\sqrt{27}$，$\sqrt{20}$ を $a\sqrt{b}$ の形で表します。

$3\sqrt{5}-4\sqrt{3}+\sqrt{27}-\sqrt{20}$
$=3\sqrt{5}-4\sqrt{3}+3\sqrt{3}-2\sqrt{5}$ ← $\sqrt{27}=\sqrt{3^2\times3}$
$\phantom{=3\sqrt{5}-4\sqrt{3}+3\sqrt{3}-2\sqrt{5}}\sqrt{20}=\sqrt{2^2\times5}$
$=3\sqrt{5}-2\sqrt{5}-4\sqrt{3}+3\sqrt{3}=\sqrt{5}-\sqrt{3}$

平方根

90 根号がついた数の四則計算　中3

問題　レベル ★★★

$$\sqrt{50}+\sqrt{6}(\sqrt{3}-\sqrt{12})=?$$

🍳 解くための材料

かっこの中 → 乗除 → 加減 の順に計算する。

🍳 解き方

$\sqrt{50}+\sqrt{6}(\sqrt{3}-\sqrt{12})$
$=5\sqrt{2}+\sqrt{6}(\sqrt{3}-2\sqrt{3})$　⇐ $\sqrt{50}=\sqrt{5^2\times2}$, $\sqrt{12}=\sqrt{2^2\times3}$
$=5\sqrt{2}+\sqrt{6}\times(-\sqrt{3})$　⇐ かっこの中を計算
$=5\sqrt{2}+(-\sqrt{18})$　⇐ 乗法を計算
$=5\sqrt{2}-3\sqrt{2}$
$=2\sqrt{2}$　⇐ 減法を計算

計算の順序は　**P27**

こんなときは　かっこの中がまとまらないとき

問題　$\sqrt{48}+\sqrt{2}(\sqrt{8}-\sqrt{6})=?$

🍳 解き方

かっこの中がまとまらないときは，分配法則 $a(b+c)=ab+ac$ を使ってかっこをはずします。

$\sqrt{48}+\sqrt{2}(\sqrt{8}-\sqrt{6})$
$=4\sqrt{3}+\sqrt{2}(2\sqrt{2}-\sqrt{6})$　⇐ $\sqrt{48}=\sqrt{4^2\times3}$, $\sqrt{8}=\sqrt{2^2\times2}$
$=4\sqrt{3}+4-\sqrt{12}$　⇐ $\sqrt{2}\times2\sqrt{2}-\sqrt{2}\times\sqrt{6}$
$=4\sqrt{3}+4-2\sqrt{3}=2\sqrt{3}+4$

平方根

91 根号をふくむ式の乗法① 中3

問題 レベル ★★☆

(1) $(\sqrt{5}+1)(\sqrt{5}+2)=?$

(2) $(\sqrt{6}-4)^2=?$

解くための材料

$\sqrt{}$ のついた数を1つの文字とみて，乗法公式を利用する。

解き方

(1) $\sqrt{5}$ を x とみて，$(x+■)(x+●)$ の展開の公式を利用します。

$\quad (\sqrt{5}+1)(\sqrt{5}+2)$
$= (\sqrt{5})^2+(1+2)\sqrt{5}+1\times 2$ $(x+■)(x+●)$
$\qquad\qquad\qquad\qquad\qquad\qquad =x^2+(■+●)x+■\times●$
$= 5+3\sqrt{5}+2$
$= \mathbf{7+3\sqrt{5}}$

乗法公式①は **P62**

(2) $\sqrt{6}$ を x とみて，$(x-■)^2$ の展開の公式を利用します。

$\quad (\sqrt{6}-4)^2$
$= (\sqrt{6})^2-2\times 4\times\sqrt{6}+4^2$ $(x-■)^2$
$\qquad\qquad\qquad\qquad\qquad\qquad =x^2-2\times■\times x+■^2$
$= 6-8\sqrt{6}+16$
$= \mathbf{22-8\sqrt{6}}$

乗法公式③は **P64**

▼公式を忘れたら，基本の公式 $(a+b)(c+d)=ac+ad+bc+bd$ で展開！

$(\sqrt{5}+1)(\sqrt{5}+2) = \sqrt{5}\times\sqrt{5}+\sqrt{5}\times 2+1\times\sqrt{5}+1\times 2$
$\qquad\qquad\qquad\quad = 5+2\sqrt{5}+\sqrt{5}+2$
$\qquad\qquad\qquad\quad = 7+3\sqrt{5}$

平方根

92 根号をふくむ式の乗法② 中3

問題 レベル ★★★

(1) $(\sqrt{12}+\sqrt{18})^2 = ?$

(2) $(2\sqrt{5}+\sqrt{28})(\sqrt{20}-2\sqrt{7}) = ?$

解くための材料

$a\sqrt{b}$ の形にして，乗法公式を利用する。

解き方

(1) $\sqrt{12}$, $\sqrt{18}$ を $a\sqrt{b}$ の形にして，$(x+■)^2$ の展開の公式を利用します。

$$(\sqrt{12}+\sqrt{18})^2$$
$$=(2\sqrt{3}+3\sqrt{2})^2$$
$$=(2\sqrt{3})^2+2\times 3\sqrt{2}\times 2\sqrt{3}+(3\sqrt{2})^2$$
$$=12+12\sqrt{6}+18$$
$$=30+12\sqrt{6}$$

$\sqrt{12}=\sqrt{2^2\times 3}$
$\sqrt{18}=\sqrt{3^2\times 2}$
$(x+■)^2$
$=x^2+2\times ■\times x+■^2$

乗法公式②は P63

(2) $\sqrt{28}$, $\sqrt{20}$ を $a\sqrt{b}$ の形にして，$(x+■)(x-■)$ の展開の公式を利用します。

$$(2\sqrt{5}+\sqrt{28})(\sqrt{20}-2\sqrt{7})$$
$$=(2\sqrt{5}+2\sqrt{7})(2\sqrt{5}-2\sqrt{7})$$
$$=(2\sqrt{5})^2-(2\sqrt{7})^2$$
$$=20-28$$
$$=-8$$

$\sqrt{28}=\sqrt{2^2\times 7}$
$\sqrt{20}=\sqrt{2^2\times 5}$
$(x+■)(x-■)$
$=x^2-■^2$

乗法公式④は P65

平方根

93 平方根のある式の値

中3

問題 レベル ★★★

$x=\sqrt{6}-5$ のとき，$x^2+10x+25$ の値を求めなさい。

解くための材料

代入する式を $(x+■)^2$ の形に変形してから代入する。

解き方

与えられた式に x の値を代入することもできますが，ひとくふうすると計算がカンタンになります。

$x^2+10x+25=(x+5)^2$ ← 代入する式を $(x+■)^2$ の形に変形

この式に $x=\sqrt{6}-5$ を代入すると，

$(x+5)^2=(\sqrt{6}-5+5)^2=(\sqrt{6})^2=\mathbf{6}$

▼別の考え方

$x=\sqrt{6}-5$ より，$x+5=\sqrt{6}$
両辺を2乗すると，$(x+5)^2=(\sqrt{6})^2$
$x^2+10x+25=6$

因数分解を利用する式の値は **P79**

こんなときは くふうして $(x+■)^2$ の形に変形

問題 $x=3-\sqrt{2}$ のとき，x^2-6x+4 の値を求めなさい。

解き方

まず，くふうして代入する式を $(x+■)^2$ の形に変形します。

$x^2-6x+4=x^2-6x+9-5=(x-3)^2-5$

この式に $x=3-\sqrt{2}$ を代入すると，

$(x-3)^2-5=(3-\sqrt{2}-3)^2-5=(-\sqrt{2})^2-5=2-5=\mathbf{-3}$

方程式

単元名	回数	項目名	学年	ページ
1次方程式	1	方程式の解き方 ①	中1	102
	2	方程式の解き方 ②		103
	3	かっこのある方程式		104
	4	小数をふくむ方程式		105
	5	分数をふくむ方程式		106
	6	比例式の解き方		107
	7	方程式の解と係数		108
	8	整数の問題		109
	9	余ったり不足したりする問題		110
	10	割引きの問題		111
連立方程式	11	加減法を使った解き方	中2	112
	12	係数をそろえる加減法 ①		113
	13	係数をそろえる加減法 ②		114
	14	代入法を使った解き方		115
	15	かっこのある連立方程式		116
	16	小数をふくむ連立方程式		117
	17	分数をふくむ連立方程式		118
	18	$A=B=C$の形の連立方程式		119
	19	連立方程式の解と係数		120
	20	代金と個数の問題		121
	21	速さの問題		122
	22	増加と減少の問題		123
2次方程式	23	平方根の考えを使った解き方	中3	124
	24	因数分解を使った解き方 ①		125
	25	因数分解を使った解き方 ②		126
	26	解の公式を使った解き方		127
	27	かっこのある2次方程式		128
	28	分数をふくむ2次方程式		129
	29	2次方程式の解と係数		130
	30	連続する自然数の問題		131
	31	動く点の問題		132

1次方程式

1 方程式の解き方 ①

中1

問題 レベル ★☆☆

$6x-5=13$ を解きなさい。

🍳 **解くための材料**

左辺の数の項を右辺に**移項**する。

解き方

数の項を右辺に移項し，$ax=b$ の形に整理します。

$6x\ \boxed{-5}=13$ ← -5を移項

$6x=13\ \boxed{+5}$ ← $ax=b$の形にする

$6x=18$ ← 両辺を6でわる

$x=3$

▼**移項とは？**

等式の一方の辺にある項を，その符号を変えて，他方の辺に移すことを**移項**といいます。

! 等式の性質

$A=B$ ならば，
① $A+C=B+C$
② $A-C=B-C$
③ $A\times C=B\times C$
④ $A\div C=B\div C\ (C\neq 0)$

方程式を解く基本は，等式の性質を使って，方程式を$x=$数の形に変形することだよ。

▼**等式の性質を使った方程式の解き方**

$6x-5=13$

$6x-5\ \boxed{+5}=13\ \boxed{+5}$ ← 両辺に5をたす

$6x=18$

$6x\ \boxed{\div 6}=18\ \boxed{\div 6}$ ← 両辺を6でわる

$x=3$

てんびんのように考えよう！

1次方程式

2 方程式の解き方② 〔中1〕

問題　レベル ★★☆

$8x+3=5x-9$ を解きなさい。

🍳 解くための材料

移項 → $ax=b$ の形に整理 → 両辺を a でわる。

🍳 解き方

数の項を右辺に，文字の項を左辺に**移項**し，$ax=b$ の形に整理します。

$$8x\ +3=5x-9$$
$$8x\ -5x=-9\ -3$$
$$3x=-12$$
$$x=-4$$

- +3を右辺に，5xを左辺に移項
- $ax=b$ の形に整理
- 両辺を3でわる

移項するときは，項の符号が変わることに注意しよう。

▼ 1次方程式とは？

移項して整理すると，$ax=b$ の形に変形できる方程式を**1次方程式**といいます。

こんなときは　解が分数になる

問題 $2x-5=9x-7$ を解きなさい。

🍳 解き方

$$2x\ -5=9x-7$$
$$2x\ -9x=-7\ +5$$
$$-7x=-2$$
$$x=\frac{2}{7}$$

- −5，9xを移項
- $ax=b$ の形に整理
- 両辺を−7でわる
- 解が分数になることもある

103

1次方程式

3 かっこのある方程式

中1

問題 レベル ★★★

方程式を解きなさい。

(1) $7(x+3) = 2x-9$

(2) $5x-9 = -3(x-5)$

解くための材料

分配法則 $a(b+c) = ab+ac$ を使って，かっこをはずす。

解き方

(1) $7(x+3) = 2x-9$
$7x+21 = 2x-9$ ← かっこをはずす
$7x-2x = -9-21$ ← $+21$，$2x$を移項
$5x = -30$ ← $ax=b$の形にする
$x = -6$ ← 両辺を5でわる

(2) $5x-9 = -3(x-5)$
$5x-9 = -3x+15$ ← かっこをはずす
$5x+3x = 15+9$ ← -9，$-3x$を移項
$8x = 24$ ← $ax=b$の形にする
$x = 3$ ← 両辺を8でわる

$-3(x-5)$
↓
$= -3x-15$ 誤
$= -3x+15$ 正

気をつけよう！

―■( )のかっこをはずすときは，うしろの項の符号の変え忘れに注意してね。

1次方程式

4 小数をふくむ方程式

中1

問題 レベル ★★★

$0.3x - 0.7 = 0.6x + 2$ を解きなさい。

解くための材料

両辺に10をかけて、係数を整数に直す。

解き方

$$0.3x - 0.7 = 0.6x + 2$$
$$(0.3x - 0.7) \times 10 = (0.6x + 2) \times 10$$
$$3x - 7 = 6x + 20$$
$$3x - 6x = 20 + 7$$
$$-3x = 27$$
$$x = -9$$

- 両辺に10をかける
- -7, $6x$を移項
- $ax=b$の形にする
- 両辺を-3でわる

こんなときは 小数第2位までの小数をふくむ

問題 $0.2x - 0.05 = 0.15x + 0.35$ を解きなさい。

解き方

両辺に100をかけて、係数を整数に直します。

$$0.2x - 0.05 = 0.15x + 0.35$$
$$(0.2x - 0.05) \times 100 = (0.15x + 0.35) \times 100$$
$$20x - 5 = 15x + 35$$
$$20x - 15x = 35 + 5$$
$$5x = 40$$
$$x = 8$$

- 両辺に100をかける
- -5, $15x$を移項

1次方程式

5 分数をふくむ方程式

中1

問題 レベル ★★★

$\dfrac{2}{3}x-2=\dfrac{1}{4}x+3$ を解きなさい。

解くための材料

両辺に分母の最小公倍数をかけて、係数を整数に直す。

解き方

$$\dfrac{2}{3}x-2=\dfrac{1}{4}x+3$$
$$\left(\dfrac{2}{3}x-2\right)\times 12=\left(\dfrac{1}{4}x+3\right)\times 12$$

3と4の最小公倍数12をかける

$$8x-24=3x+36$$

分母をはらうという

$$8x-3x=36+24$$

-24, $3x$ を移項

$$5x=60$$

$ax=b$ の形にする

$$x=12$$

両辺を5でわる

最小公倍数の求め方は **P69**

こんなときは 分子が $x+●$ の形

問題 $\dfrac{x+2}{3}=\dfrac{x-4}{5}$ を解きなさい。

解き方

$$\dfrac{x+2}{3}=\dfrac{x-4}{5}$$
$$\dfrac{x+2}{3}\times 15=\dfrac{x-4}{5}\times 15$$
$$5(x+2)=3(x-4)$$

3と5の最小公倍数15をかける

$$5x+10=3x-12$$
$$5x-3x=-12-10$$
$$2x=-22$$
$$x=-11$$

1次方程式

6 比例式の解き方

中1

問題　レベル ★★☆

比例式で，xの値を求めなさい。

(1) $x : 12 = 3 : 4$

(2) $28 : 8 = (x-3) : 6$

解くための材料

暗記　比例式の性質 $a:b=c:d$ ならば $ad=bc$ を利用する。

解き方

(1) $x : 12 = 3 : 4$　← $a:b=c:d$ ならば $ad=bc$

$4x = 36$

$x = 9$

▼比例式とは？

比 $a:b$ と $c:d$ が等しいことを表す等式 $a:b=c:d$ を比例式といいます。

(2) $28 : 8 = (x-3) : 6$　← $x-3$ をひとまとまりとみる

← $a:b=c:d$ ならば $ad=bc$

$28 \times 6 = 8(x-3)$

← 両辺を8でわる

$\dfrac{28 \times 6}{8} = x - 3$

$\dfrac{\overset{7}{28} \times \overset{3}{6}}{\underset{2}{\underset{1}{8}}} = 21$

$x - 3 = 21$

$x = 24$

外外=内内 と覚えよう！

$a : b = c : d$

107

1次方程式

7 方程式の解と係数

中1

問題

レベル ★★★

xについての方程式 $4x+a=ax+24$ の解が3であるとき，aの値を求めなさい。

解くための材料

方程式に解を代入して，aについての方程式をつくる。

解き方

手順1 方程式に解を代入する

$4x+a=ax+24$ に $x=3$ を代入します。
$4×3+a=a×3+24$

手順2 aについての方程式を解く

$12+a=3a+24$
$-2a=12$
$a=-6$

$a=-6$のとき、もとの方程式は、
$4x-6=-6x+24$
これを解くと、$10x=30$, $x=3$
たしかに解は3になるね。

こんなときは 方程式に分数をふくむ

問題 xについての方程式 $\dfrac{x-2a}{3}=-x-a$ の解が-2であるとき，aの値を求めなさい。

解き方

$\dfrac{x-2a}{3}=-x-a$ に $x=-2$ を代入
$\dfrac{-2-2a}{3}=-(-2)-a$
$\dfrac{-2-2a}{3}=2-a$

両辺に3をかけると，
$-2-2a=3(2-a)$
$-2-2a=6-3a$
$a=8$

1次方程式

8 整数の問題

中1

問題
レベル ★★☆

92をある正の整数でわったら，商が7で，余りが8になりました。ある正の整数を求めなさい。

解くための材料

わられる数＝わる数×商＋余り

解き方

手順1　ある正の整数を x とします。

方程式をつくるときは，求めるものを x とすることが多いよ。

手順2 方程式をつくる

わられる数 ＝ わる数 × 商 ＋ 余り
　　92　　＝　x　×7 ＋ 8

$$92 = 7x + 8$$

左辺と右辺を入れかえる

手順3 方程式を解く

$$7x + 8 = 92$$
$$7x = 84$$
$$x = 12$$

手順4 解の検討をする

x は正の整数だから，これは問題にあっています。

答 12

▼わる数と余りの大小

わり算では，**わる数＞余り**になります。
つまり，上の問題では，ある正の整数は8より大きい整数になります。

1次方程式

9 余ったり不足したりする問題　中1

問題　レベル ★★☆

子どもたちに鉛筆を配ります。1人に3本ずつ配ると7本余り，4本ずつ配ると8本不足します。子どもの人数と鉛筆の本数を求めなさい。

解くための材料

鉛筆の本数は，
- 1人分の本数×人数＋余った本数
- 1人分の本数×人数－不足した本数

解き方

手順1　子どもの人数を x 人とします。

手順2 鉛筆の本数を2通りの式で表す
- 3本ずつ配ったときの鉛筆の本数は，$3x+7$（本）
- 4本ずつ配ったときの鉛筆の本数は，$4x-8$（本）

▼鉛筆の本数を図で表すと

```
  鉛筆の本数
├─────────┤
│ 3×人数 │ 7 │
  鉛筆の本数
├───────────┤
│ 4×人数      │8
```

手順3 方程式をつくり，解く

方程式は，$3x+7=4x-8$ 　　$3x-4x=-8-7$
$-x=-15$
$x=15$

鉛筆の本数は，$3\times15+7=52$（本）

手順4 解の検討をする

子どもの人数，鉛筆の本数は自然数だから，これらは問題にあっています。

答 子どもの人数…**15人**，鉛筆の本数…**52本**

1次方程式
10 割引きの問題

中1

問題
レベル ★★★

ある品物を，原価の50％増しの定価をつけて販売したが売れなかったので，定価の2割引きにして3600円で売りました。品物の原価を求めなさい。

解くための材料

x 円の a ％増しの値段 → $x \times \left(1 + \dfrac{a}{100}\right)$ (円)

y 円の b 割引きの値段 → $y \times \left(1 - \dfrac{b}{10}\right)$ (円)

解き方

手順1 この品物の原価を x 円とします。

手順2 定価と売り値を x の式で表す

定価は，$x \times \left(1 + \dfrac{50}{100}\right) = 1.5x$ (円)　← $x \times (1+0.5) = 1.5x$ でもよい
（50％増し）

売り値は，$1.5x \times \left(1 - \dfrac{2}{10}\right) = 1.2x$ (円)　← $1.5x \times (1-0.2) = 1.2x$ でもよい
（2割引き）

手順3 方程式をつくり，解く

方程式は，$1.2x = 3600$
$x = 3000$　← $1.2x \div 1.2 = 3600 \div 1.2$

手順4 解の検討をする

値段は自然数だから，これは問題にあっています。

答 3000円

> 個数，人数，金額などを求める問題では，答えは自然数になるから，小数や分数じゃダメだよ。

割合の表し方は **P43**

連立方程式

11 加減法を使った解き方 中2

問題　レベル ★☆☆

連立方程式を解きなさい。

(1) $\begin{cases} 3x+y=7 \\ 2x-y=3 \end{cases}$　(2) $\begin{cases} 2x-y=11 \\ 2x+3y=-9 \end{cases}$

解くための材料

加減法 → 左辺どうし，右辺どうしをたしたりひいたりして，1つの文字を消去する。

解き方

(1)　$3x+y=7$　……①
　　$\underline{+)\,2x-y=3}$　……②
　　$5x=10$
　　$x=2$

①に $x=2$ を代入して，← ②に $x=2$ を代入してもよい

　　$3\times2+y=7,\ 6+y=7,\ y=1$

答 $x=2,\ y=1$

(2)　$2x-y=11$　……①
　　$\underline{-)\,2x+3y=-9}$　……②
　　$-4y=20$
　　$y=-5$

①に $y=-5$ を代入して，

　　$2x-(-5)=11,\ 2x+5=11,\ 2x=6,\ x=3$

係数の絶対値が同じなら，そのままたしたりひいたりして，x または y を消去できるね。

答 $x=3,\ y=-5$

連立方程式

12 係数をそろえる加減法①　中2

問題　レベル ★★☆

$$\begin{cases} 9x+4y=7 & \cdots\cdots① \\ 3x+2y=5 & \cdots\cdots② \end{cases}$$ を解きなさい。

🍳 解くための材料

一方の式を何倍かして，係数の絶対値をそろえる。

解き方

②の両辺を2倍して，y の係数の絶対値を4にそろえます。

$$\begin{array}{r} ①\quad9x+4y=7 \\ ②\times 2\quad -)6x+4y=10 \\ \hline 3x=-3 \end{array}$$ ①-②×2で，y を消去

$$x=-1$$

②に $x=-1$ を代入して，

$3\times(-1)+2y=5$, $-3+2y=5$, $2y=8$, $y=4$

答 $x=-1$, $y=4$

▼ x の係数の絶対値をそろえると

②の両辺を3倍して，x の係数の絶対値を9にそろえて，x を消去することもできます。

$$\begin{array}{r} ①\quad9x+4y=7 \\ ②\times 3\quad -)9x+6y=15 \\ \hline -2y=-8 \end{array}$$ ①-②×3で，x を消去

$$y=4$$

②に $y=4$ を代入して，$3x+2\times4=5$, $3x+8=5$, $3x=-3$, $x=-1$

連立方程式

13 係数をそろえる加減法②

中2

問題 レベル ★★☆

$$\begin{cases} 5x+2y=3 & \cdots\cdots① \\ 4x-3y=30 & \cdots\cdots② \end{cases}$$ を解きなさい。

解くための材料

両方の式を何倍かして，係数の絶対値を最小公倍数にそろえる。

解き方

①の両辺を3倍，②の両辺を2倍して，y の係数の絶対値を2と3の最小公倍数6にそろえます。

最小公倍数の求め方は **P69**

$$\begin{array}{rl} ①\times 3 & 15x+6y=9 \\ ②\times 2 & +)\ 8x-6y=60 \\ \hline & 23x\ \ \ \ \ \ =69 \end{array}$$

①×3＋②×2で，y を消去

$$x=3$$

①に $x=3$ を代入して，

$5\times 3+2y=3$，$15+2y=3$，$2y=-12$，$y=-6$

答 $x=3,\ y=-6$

▼ x の係数の絶対値をそろえると

①の両辺を4倍，②の両辺を5倍して，x の係数の絶対値を20にそろえて，x を消去することもできます。

$$\begin{array}{rl} ①\times 4 & 20x+\ 8y=12 \\ ②\times 5 & -)\ 20x-15y=150 \\ \hline & 23y=-138 \\ & y=-6 \end{array}$$

計算がカンタンになるほうの文字を消去しよう。

連立方程式

14 代入法を使った解き方

中2

問題　レベル ★★☆

連立方程式を解きなさい。

(1) $\begin{cases} 4x+3y=7 \\ y=2x+9 \end{cases}$　(2) $\begin{cases} x=3y-5 \\ 5x-7y=-1 \end{cases}$

🍽 **解くための材料**

代入法 → 一方の式を他方の式に代入して，1つの文字を消去する。

🍳 **解き方**

それぞれの連立方程式の上の式を①，下の式を②とします。

(1) ①に②を代入して，y を消去します。

$4x+3(2x+9)=7$　← $2x+9$ に（ ）をつけて代入

$4x+6x+27=7$

$10x=-20$　← かっこをはずして整理

$x=-2$

②に $x=-2$ を代入して，

$y=2\times(-2)+9=-4+9=5$

答 $x=-2$, $y=5$

(2) ②に①を代入して，x を消去します。

$5(3y-5)-7y=-1$　← $3y-5$ に（ ）をつけて代入

$15y-25-7y=-1$

$8y=24$　← かっこをはずして整理

$y=3$

①に $y=3$ を代入して，

$x=3\times3-5=9-5=4$

答 $x=4$, $y=3$

連立方程式

15 かっこのある連立方程式

中2

問題　レベル ★★★

$$\begin{cases} 6x+5y=40 & \cdots\cdots ① \\ 4(x-2y)=7y-10 & \cdots\cdots ② \end{cases}$$

を解きなさい。

🍽 解くための材料

かっこをはずして，$ax+by=c$ の形に整理する。

解き方

②のかっこをはずして整理します。

$$4(x-2y)=7y-10$$
$$4x-8y=7y-10$$
$$4x-15y=-10 \quad \cdots\cdots ③$$

← 分配法則を使って，かっこをはずす
← $ax+by=c$の形に整理

これより，①と③を連立方程式として解きます。

$$\begin{array}{r} ①\times 3 \quad 18x+15y=120 \\ ③ \quad +)\ \ 4x-15y=-10 \\ \hline 22x=110 \end{array}$$

← ①×3+③で，yを消去

$$x=5$$

①に $x=5$ を代入して，

$6\times 5+5y=40,\ \ 30+5y=40,\ \ 5y=10,\ \ y=2$

答 $x=5,\ y=2$

かっこのある方程式は ▶ **P104**

連立方程式

16 小数をふくむ連立方程式

中2

問題　レベル ★★★

$$\begin{cases} 5x+2y=-6 & \cdots\cdots① \\ 0.9x+0.8y=2 & \cdots\cdots② \end{cases}$$

を解きなさい。

解くための材料

両辺に10をかけて、係数を整数に直す。

解き方

②の両辺に10をかけて、係数を整数に直します。

$(0.9x+0.8y)×10=2×10$ ← 数の項へのかけ忘れに注意

$9x+8y=20$ ……③

これより、①と③を連立方程式として解きます。

①×4　　$20x+8y=-24$
③　　$-)\ \ 9x+8y=20$
　　　　　$\overline{}$
　　　　　$11x\ \ \ \ \ \ \ =-44$

①×4-③で、yを消去

$x=-4$

①に $x=-4$ を代入して、

$5×(-4)+2y=-6$,　$-20+2y=-6$,　$2y=14$,　$y=7$

答 $x=-4$, $y=7$

小数第2位までの小数をふくむ方程式では、方程式の両辺に100をかけるんだよ。

小数をふくむ方程式は ▶ P105

連立方程式

17 分数をふくむ連立方程式

中2

レベル ★★★

問題

$$\begin{cases} 4x+3y=-3 & \cdots\cdots ① \\ \dfrac{3}{4}x-\dfrac{1}{6}y=6 & \cdots\cdots ② \end{cases}$$

を解きなさい。

解くための材料

両辺に分母の最小公倍数をかけて，係数を整数に直す。

解き方

②の両辺に 4 と 6 の最小公倍数 **12** をかけます。

$$\left(\dfrac{3}{4}x-\dfrac{1}{6}y\right)\times 12 = 6\times 12$$

分母をはらう

$$9x-2y=72 \quad \cdots\cdots ③$$

これより，①と③を連立方程式として解きます。

①×2　　　$8x+6y=-6$
③×3　$\underline{+)\ 27x-6y=216}$
　　　　　$35x=210$

①×2＋③×3で，yを消去

$$x=6$$

①に $x=6$ を代入して，

$4\times 6+3y=-3,\ 24+3y=-3,\ 3y=-27,\ y=-9$

答 $x=6,\ y=-9$

分数をふくむ方程式は **P106**

連立方程式

18 $A=B=C$ の形の連立方程式 　中2

問題　レベル ★★★

$$2x+7y=-6x-5y=8$$
を解きなさい。

🍳 解くための材料

$\begin{cases} A=B \\ A=C \end{cases}$ $\begin{cases} A=B \\ B=C \end{cases}$ $\begin{cases} A=C \\ B=C \end{cases}$ のいずれかの組み合わせにして解く。

解き方

$\begin{cases} A=C \\ B=C \end{cases}$ の形の連立方程式にして解きます。

$\begin{cases} 2x+7y=8 & \cdots\cdots① \\ -6x-5y=8 & \cdots\cdots② \end{cases}$

①×3 　　　$6x+21y=24$
② 　　+)　$-6x-5y=8$ 　　　①×3+②で，x を消去
　　　　　　$16y=32$
　　　　　　　$y=2$

①に $y=2$ を代入して，
　$2x+7×2=8$，$2x+14=8$，$2x=-6$，$x=-3$

答 $x=-3$, $y=2$

▼どの組み合わせを使えばいいの？

■$x+$●$y=$□$x+$○$y=$数 の形の式は，$\begin{cases} ■x+●y=数 \\ □x+○y=数 \end{cases}$ の組み合わせで解くと，とちゅうの計算がカンタンになります。

連立方程式

19 連立方程式の解と係数

中2

問題 レベル ★★★

連立方程式 $\begin{cases} ax+by=5 & \cdots\cdots① \\ bx+ay=-2 & \cdots\cdots② \end{cases}$ の解が $x=3$, $y=-4$ であるとき，a, b の値を求めなさい。

🍽 解くための材料

それぞれの方程式に解を代入して，a, bについての方程式をつくる。

解き方

手順1 方程式に解を代入する

①，②に $x=3$, $y=-4$ を代入します。

$\begin{cases} 3a-4b=5 & \cdots\cdots③ \\ 3b-4a=-2 & \cdots\cdots④ \end{cases}$

手順2 a, bについての連立方程式を解く

③，④を a, b についての連立方程式とみて解きます。

$$\begin{array}{r} ③\times 3 \quad 9a-12b=15 \\ ④\times 4 \quad +)-16a+12b=-8 \\ \hline -7a=7 \end{array}$$

③×3+④×4 で，bを消去

$a=-1$

③に $a=-1$ を代入して，

$3\times(-1)-4b=5$, $\ -3-4b=5$, $\ -4b=8$, $\ b=-2$

答 $a=-1$, $b=-2$

方程式の解と係数は P108

連立方程式

20 代金と個数の問題

中2

問題 レベル ★★☆

82円切手と120円切手を合わせて15枚買ったら、代金の合計が1420円でした。それぞれ何枚ずつ買ったか求めなさい。

解くための材料

$\begin{cases} 82円切手の枚数＋120円切手の枚数＝15（枚） \\ 82円切手の代金＋120円切手の代金＝1420（円） \end{cases}$

解き方

手順1 82円切手を x 枚，120円切手を y 枚買ったとします。
↑ 求めるものを x，y とする

手順2 連立方程式をつくる

枚数の関係から，$x+y=15$ ……①
↑
82円切手の枚数＋120円切手の枚数＝15（枚）

代金の関係から，$82x+120y=1420$ ……②
↑
82円切手の代金＋120円切手の代金＝1420（円）

手順3 連立方程式を解く

①，②を連立方程式として解くと，
$x=10, y=5$

$\begin{array}{rl} ② & 82x+120y=1420 \\ ①\times82 -) & 82x+82y=1230 \\ \hline & 38y=190 \\ & y=5 \end{array}$

①に $y=5$ を代入して，$x+5=15$，$x=10$

手順4 解の検討をする

切手の枚数は自然数だから，これらは問題にあっています。

答 82円切手…**10枚**，120円切手…**5枚**

代金の表し方は P40

連立方程式

21 速さの問題

中2

問題

レベル ★★☆

自転車で，AからBを通り11kmはなれたCまで行きました。AからBまでは時速9km，BからCまでは時速6kmで走って，全体で1時間30分かかりました。AからBまでの道のりとBからCまでの道のりを求めなさい。

解くための材料

$\begin{cases} A，B間の道のり+B，C間の道のり=11（km） \\ A，B間の時間+B，C間の時間=1\frac{30}{60}（時間） \end{cases}$

解き方

手順1
AからBまでの道のりを x km，BからCまでの道のりを y km とします。

手順2 連立方程式をつくる
道のりの関係から， $x+y=11$ ……①

時間の関係から， $\dfrac{x}{9}+\dfrac{y}{6}=1\dfrac{30}{60}$ ……②

↑ 時間=道のり÷速さ　↑ 時間の単位で表す

手順3 連立方程式を解く
①，②を連立方程式として解くと，
$x=6, \ y=5$

②×18　　$2x+3y=27$
①×2　$-)\ 2x+2y=22$
　　　　　　　　$y=5$

①に $y=5$ を代入して，$x+5=11, \ x=6$

手順4 解の検討をする
道のりは正の数だから，これらは問題にあっています。

答 AからBまで… **6 km**，BからCまで… **5 km**

速さの表し方は ▶P41

連立方程式

22 増加と減少の問題

中2

問題

レベル ★★★

ある学校の今年度の入学者は247人です。これは昨年度に比べて、男子は10%増加し、女子は8%減少し、全体では2人増加しました。この学校の今年度の男子と女子の入学者数を求めなさい。

解くための材料

x人のa%の増加 → $x \times \left(1 + \dfrac{a}{100}\right)$(人)

y人のb%の減少 → $y \times \left(1 - \dfrac{b}{100}\right)$(人)

解き方

手順1 昨年度の男子の入学者数をx人、女子の入学者数をy人とします。 ← 割合の基準となっている昨年度の人数をx, yとする

手順2
連立方程式をつくる

$x + y = 247 - 2$ ……① ← 昨年度の入学者数の合計

$\dfrac{110}{100}x + \dfrac{92}{100}y = 247$ ……② ← 今年度の入学者数の合計

↑10%増加した人数　↑8%減少した人数

手順3 ①,②を連立方程式として解くと、
連立方程式を解く

$x = 120, \ y = 125$ ← 昨年度の男女の入学者数（これを答えとしないように注意）

手順4
今年度の男女の入学者数を求める

今年度の男子は、$120 \times \dfrac{110}{100} = 132$(人) ←

今年度の女子は、$125 \times \dfrac{92}{100} = 115$(人) ←

人数は自然数だから、これらは問題にあっている

答 男子…132人、女子…115人

2次方程式

23 平方根の考え方を使った解き方

中3

問題 レベル ★☆☆

$3x^2 = 75$ を解きなさい。

解くための材料

$ax^2 = b$ →(両辺をaでわる)→ $x^2 = \dfrac{b}{a}$ →(平方根を求める)→ $x = \pm\sqrt{\dfrac{b}{a}}$

解き方

$x^2 = $ ■ の形に変形して，2乗すると■になる数を求めます。

$3x^2 = 75$
$x^2 = 25$ ← 両辺を3でわる
$x = \pm\sqrt{25}$ ← 25の平方根を求める
$\boldsymbol{x = \pm 5}$ ← 2次方程式の解はふつう2つある

正の数aの平方根は，$+\sqrt{a}$と$-\sqrt{a}$の2つあるよ。

平方根の求め方は **P82**

こんなときは $(x+●)^2 = $ ■ の形の方程式

問題 $(x+4)^2 = 3$ を解きなさい。

解き方

$(x+●)^2 = $ ■ の形の方程式は，$x+●$をひとまとまりとみます。

$(x+4)^2 = 3$
$M^2 = 3$ ← $x+4$をMとおく
$M = \pm\sqrt{3}$ ← 3の平方根を求める
$x+4 = \pm\sqrt{3}$ ← Mをもとにもどす
$\boldsymbol{x = -4 \pm\sqrt{3}}$ ← +4を移項

▼2次方程式
$ax^2 + bx + c = 0\,(a \neq 0)$
の形に変形できる方程式を **2次方程式** といいます。

2次方程式

24 因数分解を使った解き方① 中3

問題 レベル ★★☆

方程式を解きなさい。

(1) $x^2 - 8x = 0$
(2) $x^2 - 4x - 12 = 0$

解くための材料

$AB = 0$ ならば $A = 0$ または $B = 0$ を利用する。

解き方

(1) 左辺を因数分解して，$x(x + ■) = 0$ の形にします。

$x^2 - 8x = 0$
$x(x - 8) = 0$ ← 共通因数 x をくくり出す
$x = 0$ または $x - 8 = 0$ ← $AB = 0$ ならば $A = 0$ または $B = 0$
$x = 0, \ x = 8$

両辺を x でわって，$x - 8 = 0$，$x = 8$ としてはダメ！
$x = 0, (x-8) = 0$

(2) 左辺を因数分解して，$(x + ■)(x + ●) = 0$ の形にします。

$x^2 - 4x - 12 = 0$
$(x + 2)(x - 6) = 0$ ← $x^2 + (■ + ●)x + ■ × ● = (x + ■)(x + ●)$
$x + 2 = 0$ または $x - 6 = 0$ ← $AB = 0$ ならば $A = 0$ または $B = 0$
$x = -2, \ x = 6$

因数分解のしかたは P71

2次方程式
25 因数分解を使った解き方②　　中3

問題　レベル ★★☆

$$x^2+14x+49=0$$ を解きなさい。

解くための材料

$(x+■)^2=0$ の解は，$x=-■$ の1つだけである。

解き方

方程式 $(x+■)^2=0$ を成り立たせる x の値は $x=-■$ です。
このように，2次方程式では**解が1つだけ**の場合があります。

$$x^2+14x+49=0$$
$$(x+7)^2=0 \quad \leftarrow x^2+2\times■\times x+■^2=(x+■)^2$$
$$x+7=0$$
$$x=-7$$

因数分解のしかたは ▶P72

こんなときは　$x^2-■^2=0$ の形の方程式

問題 $x^2-16=0$ を解きなさい。

解き方

$$x^2-16=0$$
$$(x+4)(x-4)=0 \quad \leftarrow x^2-■^2=(x+■)(x-■)$$
$$x+4=0 \text{ または } x-4=0$$
$$x=\pm 4$$

因数分解のしかたは ▶P74

▼平方根の考え方を使った解き方
　$x^2-16=0$，$x^2=16$，$x=\pm\sqrt{16}$，$x=\pm 4$ ← 16の平方根を求める

2次方程式

26 解の公式を使った解き方

中3

問題

レベル ★★☆

$3x^2+5x+1=0$ を解きなさい。

解くための材料

暗記 $ax^2+bx+c=0 (a\neq 0)$ の解 → $x=\dfrac{-b\pm\sqrt{b^2-4ac}}{2a}$

解き方

解の公式に, $a=3$, $b=5$, $c=1$ をあてはめて計算します。

$$x=\dfrac{-5\pm\sqrt{5^2-4\times 3\times 1}}{2\times 3}$$

$$=\dfrac{-5\pm\sqrt{25-12}}{6}$$

$$=\dfrac{-5\pm\sqrt{13}}{6}$$

> まずは,平方根の考え方や因数分解を使った解き方を考えよう。どちらの方法でも解けないときは,解の公式を利用しよう。

こんなときは x の係数が偶数

問題 $x^2-4x-3=0$ を解きなさい。

解き方

x の係数が偶数のとき,解は約分できます。

$$x=\dfrac{-(-4)\pm\sqrt{(-4)^2-4\times 1\times(-3)}}{2\times 1}$$

$$=\dfrac{4\pm\sqrt{16+12}}{2}=\dfrac{4\pm\sqrt{28}}{2}=\dfrac{\overset{2}{4}\pm\overset{1}{2}\sqrt{7}}{\underset{1}{2}}=2\pm\sqrt{7}$$

2次方程式

27 かっこのある2次方程式 中3

問題 レベル ★★★

方程式を解きなさい。

(1) $(x+2)(x-7)=10$

(2) $(x+3)^2=5(x+2)$

解くための材料

かっこをはずして，$ax^2+bx+c=0$ の形に整理する。

解き方

(1) $(x+2)(x-7)=10$
 　　↓
 　$x^2-5x-14=10$
 　$x^2-5x-24=0$
 　$(x+3)(x-8)=0$
 　　　　$x=-3,\ x=8$

乗法公式を使って，かっこをはずす
$ax^2+bx+c=0$の形に整理
左辺を因数分解
$x+3=0$または$x-8=0$

(2) $(x+3)^2=5(x+2)$
 　　↓　　　↓
 　$x^2+6x+9=5x+10$
 　$x^2+x-1=0$
 　$x=\dfrac{-1\pm\sqrt{1^2-4\times1\times(-1)}}{2\times1}$
 　　$=\dfrac{-1\pm\sqrt{1+4}}{2}$
 　　$=\dfrac{-1\pm\sqrt{5}}{2}$

乗法公式，分配法則を使って，かっこをはずす
$ax^2+bx+c=0$の形に整理
解の公式を利用

かっこのある方程式は **P104**

2次方程式

28 分数をふくむ2次方程式

中3

問題 レベル ★★★

$$\frac{1}{8}x^2 + \frac{3}{4}x - 2 = 0$$ を解きなさい。

解くための材料

両辺に分母の最小公倍数をかけて，係数を整数に直す。

解き方

$$\frac{1}{8}x^2 + \frac{3}{4}x - 2 = 0$$

$$\left(\frac{1}{8}x^2 + \frac{3}{4}x - 2\right) \times 8 = 0 \times 8$$

$$x^2 + 6x - 16 = 0$$

$$(x+8)(x-2) = 0$$

$$x = -8,\ x = 2$$

← 両辺に8と4の最小公倍数8をかける
← 分母をはらう
← 左辺を因数分解
← $x+8=0$ または $x-2=0$

分数をふくむ方程式は ▶P106

こんなときは 小数をふくむ2次方程式

問題 $0.4x^2 - 1.6x = 2$ を解きなさい。

解き方

両辺に10をかけて，係数を整数に直します。

$$0.4x^2 - 1.6x = 2$$
$$(0.4x^2 - 1.6x) \times 10 = 2 \times 10$$
$$4x^2 - 16x = 20$$

$$4x^2 - 16x - 20 = 0$$
$$x^2 - 4x - 5 = 0$$ ← 両辺を4でわる
$$(x+1)(x-5) = 0$$
$$x = -1,\ x = 5$$

2次方程式

29 2次方程式の解と係数

中3

問題 レベル ★★★

2次方程式 $x^2+ax+20=0$ の解の1つが-4であるとき，a の値と他の解を求めなさい。

🍽 解くための材料

方程式に解を代入して，a についての方程式をつくる。

解き方

手順1 $x^2+ax+20=0$ に $x=-4$ を代入します。

方程式に解を代入する

$(-4)^2+a\times(-4)+20=0$ ← 負の数はかっこをつけて代入

手順2

a についての方程式を解く

$$16-4a+20=0$$
$$-4a=-36$$
$$a=9$$

手順3 a の値は9だから，もとの方程式は，

方程式を完成させる

$$x^2+9x+20=0$$

手順4

もとの方程式を解く

$$(x+4)(x+5)=0$$
$$x=-4,\ x=-5$$

他の解は-4以外の解だから，$x=-5$

答 $a=9$，他の解 $x=-5$

方程式の解と係数は **P108**

2次方程式

30 連続する自然数の問題

中3

問題

レベル ★★★

連続する3つの自然数があります。大きいほうの2つの数の積は，3つの数の和の2倍に等しくなります。この3つの自然数を求めなさい。

解くための材料

連続する3つの自然数を x, $x+1$, $x+2$ として，方程式をつくる。

解き方

手順1
連続する3つの自然数を x, $x+1$, $x+2$ とします。

手順2 方程式をつくる

大きいほうの2つの数の積 ＝ 3つの数の和の2倍
↓　　　　　　　　　　　　　↓
$(x+1)(x+2)$ 　　　　　 $=2\{x+(x+1)+(x+2)\}$

手順3 方程式を解く

$x^2+3x+2=6x+6$

$x^2-3x-4=0$

$(x+1)(x-4)=0$

$x=-1$, $x=4$

手順4 解の検討をする

x は自然数だから，$x=-1$ は問題にあいません。
$x=4$ のとき，連続する3つの自然数は，4，5，6となり，これらは問題にあっています。

答 4, 5, 6

> 2次方程式は、一般に解が2つある。2つの解のうち、一方は問題にあっているが、もう一方は問題にあっていないこともあるよ。必ず解の検討をして答えを決めるようにしよう。

チェック

連続する3つの整数は P57

2次方程式

31 動く点の問題

中3

問題

レベル ★★★

右の図の正方形ABCDで、点Pは辺AB上をAからBまで、点Qは辺BC上をBからCまで同じ速さで動きます。
△PBQの面積が16cm²になるのは、点PがAから何cm動いたときですか。

🍴 解くための材料

AP＝$x$cmとして、△PBQの面積をxを使った式で表す。

解き方

手順1 △PBQの面積をxで表す

AP＝$x$cm とします。
PB＝AB－AP だから、
　PB＝$12-x$ (cm)
BQ＝AP だから、
　BQ＝x cm
これより、△PBQ＝$\frac{1}{2}x(12-x)$

手順2 方程式をつくり、解く

△PBQ＝16cm² だから、
$$\frac{1}{2}x(12-x)=16$$
これを解くと、$x=4$, $x=8$

両辺に2をかけて、
$x(12-x)=32$
$12x-x^2=32$
$x^2-12x+32=0$
$(x-4)(x-8)=0$

手順3 解の検討をする

$0<x<12$ だから、どちらも問題にあっています。

答 4 cm, 8 cm

関数

単元名	回数	項目名	学年	ページ
比例・反比例	1	関数の意味	中1	134
	2	対称な点の座標		135
	3	比例の式の求め方		136
	4	比例のグラフのかき方		137
	5	比例のグラフをよみとる		138
	6	比例の変域		139
	7	反比例の式の求め方		140
	8	反比例のグラフのかき方		141
	9	反比例のグラフをよみとる		142
	10	反比例の変域		143
	11	反比例のグラフ上の点		144
	12	比例と反比例のグラフ		145
1次関数	13	変化の割合	中2	146
	14	傾きと切片から式を求める		147
	15	傾きと1点から式を求める		148
	16	2点から式を求める		149
	17	傾きと切片からグラフをかく		150
	18	2点を見つけてグラフをかく		151
	19	1次関数のグラフをよみとる		152
	20	1次関数の変域		153
	21	方程式のグラフのかき方		154
	22	2直線の交点の座標		155
	23	直線と三角形の面積		156
	24	面積を2等分する直線の式		157
関数 $y=ax^2$	25	$y=ax^2$ の式の求め方	中3	158
	26	$y=ax^2$ のグラフのかき方		159
	27	$y=ax^2$ のグラフの特徴		160
	28	$y=ax^2$ のグラフをよみとる		161
	29	$y=ax^2$ の変域		162
	30	$y=ax^2$ の変化の割合		163
	31	変化の割合から式を求める		164
	32	放物線と線分の長さ		165
	33	2つの放物線		166
	34	放物線と直線の交点1		167
	35	放物線と直線の交点2		168

比例・反比例

1 関数の意味

中1

問題 レベル ★★☆

ある数 x の絶対値を y とするとき,y は x の関数ですか。また,x は y の関数ですか。

解くための材料

x の値を決めると,y の値が1つに決まる → 関数である。

解き方

ともなって変わる2つの数量 x,y があって,x の値を決めると,それにともなって,y の値がただ1つに決まるとき,**y は x の関数である**といいます。

手順1 x を2とする →絶対値 y は **2**
具体的な例 x を−3とする→絶対値 y は **3**
で考える

手順2 x の値を決めると,y の値が**ただ1つに決まる。**
関数になる
かを判断

y は x の関数である。

手順3 絶対値 y を4とする→x は **4と−4** ← xの値は2つある
具体的な例
で考える

y の値を決めても,x の値が**ただ1つに決まらない。**

手順4
関数になる x は y の関数ではない。
かを判断

▼変数とは? 定数とは?

上の x,y のように,いろいろな値をとる文字を**変数**といいます。
また,決まった数や,決まった数を表す文字を**定数**といいます。

絶対値は **P10**

比例・反比例

2 対称な点の座標

中1

問題 レベル ★★☆

点A(2, 3)について、次の点の座標を求めなさい。
(1) x軸について対称な点B
(2) y軸について対称な点C
(3) 原点について対称な点D

解くための材料

カンタンな図をかいて、符号に注意して座標をよみとる。

解き方

右の図から、点B、C、Dの座標をよみとります。

(1) B(2, −3)
　　└ y座標の符号が変わる

(2) C(−2, 3)
　　└ x座標の符号が変わる

(3) D(−2, −3)
　　└ x, y座標の符号が変わる

▼ x軸上、y軸上の点の座標

x軸上の点 → y座標は0
右の図で、A(2, 0), B(−3, 0)
y軸上の点 → x座標は0
右の図で、C(0, 1), D(0, −4)

比例・反比例

3 比例の式の求め方

中1

問題　レベル ★★☆

y は x に比例し，$x=3$ のとき $y=12$ です。
$x=-2$ のときの y の値を求めなさい。

解くための材料

暗記　y が x に比例 → $y=ax$ とおいて，$x,\ y$ の値を代入する。
（a が比例定数）

解き方

手順1　比例の式を求める

y は x に比例するから，比例定数を a とすると，

$y=ax$ ← 比例の式

とおけます。

$x=3$ のとき $y=12$ だから，　← $x,\ y$ の値を代入

$12=a\times 3$

$a=4$

これより，式は，$y=4x$

手順2　y の値を求める

この式に $x=-2$ を代入すると，

$y=4\times(-2)=-8$

← 負の数はかっこをつけて代入

▼比例の式とグラフの関係

$y=4x$ のグラフは，右の図のようになります。
$x=3$ のとき $y=12$ ということは？
→ グラフは点 $(3,\ 12)$ を通ります。
$x=-2$ のときの y の値は？
→ グラフ上で，x 座標 -2 に対応する y 座標で -8 になります。

比例・反比例

4 比例のグラフのかき方

中1

問題　レベル ★☆☆

$y = \dfrac{1}{2}x$ のグラフをかきなさい。

> **解くための材料**
>
> $y = ax$ のグラフ → 原点を通る直線である。

解き方

$y = ax$ のグラフは，原点以外にグラフが通る点を1つ見つけ，その点と原点を通る直線をひきます。

$x = \boxed{2}$ のとき，$y = \dfrac{1}{2} \times 2 = \boxed{1}$

　　x 座標，y 座標が
　　ともに整数である
　　ような点を見つける

グラフは 点(2, 1) を通ります。

これより，

原点(0, 0)と点(2, 1)を通る直線

をひきます。
　　↑
　点(4, 2), (−2, −1)などをとってもよい

▼比例定数が負のとき

$y = -\dfrac{1}{2}x$ のグラフは，右の図のようになります。

このように，$y = ax$ のグラフは，

　$a > 0$ のとき，右上がり
　$a < 0$ のとき，右下がり

の直線になります。

137

比例・反比例

5 比例のグラフをよみとる　　中1

問題　　　　　　　　　　　　　　レベル ★★☆

右の比例のグラフについて，y を x の式で表しなさい。

🍽 解くための材料

$y=ax$ にグラフが通る点の座標を代入する。

解き方

手順❶ グラフが通る点のうち，<u>x 座標，y 座標がはっきりよみとれる点</u>を見つけます。

　　グラフは，点(2，−3)を通ります。 ← 点(−2，3)も通るので，この値を代入してもよい

手順❷ $y=ax$ に $x=2$，$y=-3$ を代入すると，

$$-3 = a \times 2$$

$$a = -\frac{3}{2}$$

これより，グラフの式は，

$$y = -\frac{3}{2}x$$

比例・反比例

6 比例の変域

中1

問題　レベル ★★☆

$y=-2x$ で，x の変域が $2 \leqq x \leqq 4$ のときの y の変域を求めなさい。

解くための材料

$y=ax$ で，$a<0$ のとき，x の値が増加すると y の値は減少する。

解き方

$y=-2x$ のグラフは，右の図のようになります。
$2 \leqq x \leqq 4$ に対応する y の値を調べると，

　$x=2$ のとき，y は 最大値 -4
　$x=4$ のとき，y は 最小値 -8

をとります。

これより，y の変域は，
　$-8 \leqq y \leqq -4$

グラフの端の点をふくむときは●で表す

▼ $y=ax$ で，$a>0$ のときの y の変域

$y=2x$ で，x の変域が $2<x<4$ のときの y の変域は？
右のグラフから，

　$x=2$ のとき，$y=4$　← x の値が増加すると
　$x=4$ のとき，$y=8$　　y の値も増加する

です。
これより，y の変域は，$4<y<8$

グラフの端の点をふくまないときは○で表す

比例・反比例

7 反比例の式の求め方

中1

問題 レベル ★★☆

y は x に反比例し，$x=2$ のとき $y=9$ です。$x=-3$ のときの y の値を求めなさい。

解くための材料

暗記 y が x に反比例 → $y=\dfrac{a}{x}$ とおいて，x，y の値を代入する。（比例定数）

解き方

手順1 反比例の式を求める

y は x に反比例するから，$y=\dfrac{a}{x}$ とおけます。← 比例定数を a とする

$x=2$ のとき $y=9$ だから，$9=\dfrac{a}{2}$，$a=18$

これより，式は，$y=\dfrac{18}{x}$

手順2 y の値を求める

この式に $x=-3$ を代入すると，$y=\dfrac{18}{-3}=-6$

こんなときは x や y の値が分数

問題 y は x に反比例し，$x=-6$ のとき $y=\dfrac{2}{3}$ です。y を x の式で表しなさい。

解き方

比例定数を a とすると，$xy=a$ とおけます。← 反比例の関係を表すもう1つの式

$x=-6$ のとき $y=\dfrac{2}{3}$ だから，$a=-6\times\dfrac{2}{3}=-4$

これより，式は，$y=-\dfrac{4}{x}$

比例・反比例

8 反比例のグラフのかき方

中1

問題 レベル ★★☆

$y = \dfrac{6}{x}$ のグラフをかきなさい。

解くための材料

$y = \dfrac{a}{x}$ のグラフ → 原点について対称な2つのなめらかな曲線。
この曲線を双曲線という。

解き方

手順❶ x の値に対応する y の値を求めます。

対応表をつくる

x	…	-6	-3	-2	-1	0	1	2	3	6	…
y	…	-1	-2	-3	-6	×	6	3	2	1	…

手順❷ 表の x, y の値の組を座標とする点をとります。

点をとる

手順❸ とった点を通るなめらかな2つの曲線をかきます。

グラフをかく

▼比例定数が負のとき

$y = -\dfrac{6}{x}$ のグラフは，右の図のようになります。

このように，$y = \dfrac{a}{x}$ のグラフは，

$a > 0$ のとき，ⅠとⅢ，$a < 0$ のとき，ⅡとⅣの部分にあります。
Ⅰの部分を第1象限といい，以下順に第2象限，第3象限，第4象限といいます。

141

比例・反比例

9 反比例のグラフをよみとる　中1

問題　レベル ★★☆

右の反比例のグラフについて，y を x の式で表しなさい。

解くための材料

$y=\dfrac{a}{x}$ にグラフが通る点の座標を代入する。

解き方

手順1 グラフが通る点のうち，**x 座標，y 座標がはっきりよみとれる点**を見つけます。

　　　グラフは**点 (2, －4)**を通ります。　← 点 (4, －2) なども通るので、これらの値を代入してもよい

手順2 $y=\dfrac{a}{x}$ に $x=2$，$y=-4$ を代入すると，

$$-4=\dfrac{a}{2}$$

$$a=-8$$

これより，グラフの式は，

$$y=-\dfrac{8}{x}$$

142

比例・反比例

10 反比例の変域

中1

問題 レベル ★★★

$y=\dfrac{12}{x}$ で，x の変域が $3 \leqq x \leqq 6$ のときの y の変域を求めなさい。

解くための材料

カンタンなグラフをかいて，x の変域に対応する y の変域をよみとる。

解き方

x の変域は $x>0$ なので，この範囲で $y=\dfrac{12}{x}$ のグラフをかくと，下の図のようになります。

$3 \leqq x \leqq 6$ に対応する y の値を調べると，

$x=3$ のとき，y は 最大値 4

$x=6$ のとき，y は 最小値 2

をとります。

これより，y の変域は，

$2 \leqq y \leqq 4$

グラフから，x の値が増加すると，y の値は減少することがわかるね。だから，x の値が小さいほど y の値は大きくなり，x の値が大きいほど y の値は小さくなるんだよ。

グラフの端の点をふくむときは●で表す

比例・反比例

11 反比例のグラフ上の点   中1

問題 レベル ★★★

反比例 $y=\dfrac{6}{x}$ のグラフ上の点のうち，x 座標，y 座標がともに整数である点は全部で何個あるか求めなさい。

解くための材料

x 座標が6の約数であれば，y 座標は整数になる。

解き方

$y=\dfrac{6}{x}$ で，x の値が 6 の約数になるとき y の値は整数になります。

このような x の値は，1，2，3，6 です。

x の値に対応する y の値を求めると，

$x=1$ のとき $y=6$，$x=2$ のとき $y=3$，

$x=3$ のとき $y=2$，$x=6$ のとき $y=1$

つまり，x 座標，y 座標がともに正の整数であるような点の座標は，

(1, 6), (2, 3), (3, 2), (6, 1)

の 4 個です。

同じように，x 座標，y 座標がともに負の整数であるような点も 4 個あります。

↳ (−1, −6), (−2, −3), (−3, −2), (−6, −1)

これより，求める点は全部で **8 個**。

比例・反比例

12 比例と反比例のグラフ

中1

問題　レベル ★★★

右の図のように，比例 $y=\dfrac{2}{3}x$ のグラフと反比例 $y=\dfrac{a}{x}$ のグラフが点Aで交わっています。点Aのx座標が6のとき，aの値を求めなさい。

解くための材料

点Aのx座標，y座標の値の組は，$y=\dfrac{2}{3}x$，$y=\dfrac{a}{x}$ のどちらの式に代入しても成り立つ。

解き方

手順❶ 点Aの座標を求める

点Aは $y=\dfrac{2}{3}x$ のグラフ上の点だから，そのy座標は，

$$y=\dfrac{2}{3}\times 6=4$$

これより，A(6, 4)

手順❷ aの値を求める

また，点Aは $y=\dfrac{a}{x}$ のグラフ上の点でもあります。だから，この式に $x=6$，$y=4$ を代入して，

$$4=\dfrac{a}{6}$$

$$a=24$$

（両辺に6をかける）

1次関数

13 変化の割合

中2

問題　レベル ★☆☆

1次関数 $y=3x-2$ について，x の値が -1 から 4 まで増加したときの変化の割合と，x の値が 8 増加したときの y の増加量を求めなさい。

解くための材料

$$\text{変化の割合} = \frac{y\text{の増加量}}{x\text{の増加量}} \quad (\text{一定})$$

解き方

x の増加量は，$4-(-1)=5$

y の増加量は，$\underbrace{3\times 4-2}_{x=4\text{のときの}y\text{の値}} - \underbrace{\{3\times(-1)-2\}}_{x=-1\text{のときの}y\text{の値}} = 10-(-5)=15$

これより，変化の割合は，$\dfrac{15}{5}=3$ ← $\dfrac{y\text{の増加量}}{x\text{の増加量}}$

1次関数 $y=ax+b$ の**変化の割合は一定**で，x の係数 **a** に等しくなります。

y の増加量を求めるときは，

y の増加量＝変化の割合×x の増加量　← 変化の割合＝$\dfrac{y\text{の増加量}}{x\text{の増加量}}$

を利用します。

x の値が 8 増加したときの y の増加量は，

$3\times 8 = \mathbf{24}$　← 変化の割合×xの増加量

1次関数

14 傾きと切片から式を求める　中2

問題　レベル ★★☆

直線 $y=2x$ に平行で，点$(0, 4)$を通る直線の式を求めなさい。

解くための材料

暗記　傾き a，切片 b の直線の式 → $y=ax+b$

解き方

平行な直線の傾きは等しいから，

傾きは 2

点$(0, 4)$を通るから，

切片は 4
← グラフとy軸との交点のy座標

これより，直線の式は，

$y=2x+4$
↑　　↑
傾き　切片

$y=2x$ をy軸方向に$+4$移動させると同じになるね。

こんなときは ▶ 1次関数の式を求める

問題　変化の割合が1で，$x=0$のとき$y=-3$である1次関数の式を求めなさい。

解き方

変化の割合は1だから，グラフの**傾きは1** ← 変化の割合はグラフの傾きと同じ

$x=0$のとき$y=-3$だから，グラフの**切片は-3**

これより，1次関数の式は，$y=x-3$

1次関数

15 傾きと1点から式を求める

中2

問題　レベル ★★☆

傾きが$\frac{1}{2}$で，点(6，－2)を通る直線の式を求めなさい。

🍽 解くための材料

$y=$(傾き)$\times x+b$とおいて，直線が通る点の座標を代入する。

解き方

直線の傾きは$\frac{1}{2}$だから，直線の式は$y=\frac{1}{2}x+b$とおけます。

　　　　　　　　　　　　　　　　$y=$(傾き)$\times x+b$

この直線が点(6，－2)を通るから，　　　直線の式に$x=6$，$y=-2$を代入

$$-2=\frac{1}{2}\times 6+b$$

$$b=-5$$

これより，直線の式は，

$$y=\frac{1}{2}x-5$$

$y=\frac{1}{2}x-5$のグラフは，右のようになるよ。たしかに，傾きが$\frac{1}{2}$で，点(6，－2)を通る直線だね。

1次関数

16 2点から式を求める

中2

問題

レベル ★★☆

2点$(-1, 9)$, $(3, -3)$を通る直線の式を求めなさい。

解くための材料

$y = ax + b$とおいて、2点のx座標、y座標を代入
→ a, bについての連立方程式をつくる。

解き方

直線の式は **$y = ax + b$** とおけます。
この直線が点$(-1, 9)$を通るから、

$9 = -a + b$ ……①

また、この直線は点$(3, -3)$を通るから、

$-3 = 3a + b$ ……②

①, ②を連立方程式として解くと、

$a = -3$, $b = 6$

これより、直線の式は、

$y = -3x + 6$

```
②   3a + b = -3
① -) -a + b = 9
      4a    = -12
       a = -3
```
①に$a = -3$を代入して、
$9 = -(-3) + b$, $b = 6$

$y = -3x + 6$

傾きを求める解き方

2点$(-1, 9)$, $(3, -3)$を通る直線の傾きは、

$$\frac{-3-9}{3-(-1)} = \frac{-12}{4} = -3$$

図に表すと → $(-1, 9)$, $(3, -3)$

直線の式を$y = -3x + b$とおいて、点$(-1, 9)$の座標を代入すると、$9 = -3 \times (-1) + b$, $b = 6$
直線の式は、**$y = -3x + 6$**

1次関数

17 傾きと切片からグラフをかく

中2

問題 レベル ★★☆

1次関数 $y=2x+3$ のグラフをかきなさい。

解くための材料

$y=ax+b$ のグラフ → 切片が b、傾きが a の直線である。

解き方

手順1 切片が3だから、点(0, 3)をとります。

手順2 傾きが2だから、点(0, 3)から右へ1、上へ2進んだ点(1, 5)をとります。

手順3 この2点を通る直線をひきます。

こんなときは 傾きが負のグラフ

問題 1次関数 $y=-2x+3$ のグラフをかきなさい。

解き方

切片が3だから、点(0, 3)をとります。
傾きが−2だから、点(0, 3)から
右へ1、下へ2進んだ点(1, 1)
をとります。
2点(0, 3), (1, 1)を通る直線をひきます。

1次関数

18 2点を見つけてグラフをかく 中2

問題 レベル ★★☆

1次関数 $y=\dfrac{1}{3}x+\dfrac{7}{3}$ のグラフをかきなさい。

解くための材料

x座標，y座標がともに整数である点を2つ見つける。

解き方

手順1 1次関数 $y=\dfrac{1}{3}x+\dfrac{7}{3}$ において，

$x=2$ のとき $y=3$

$y=\dfrac{2}{3}+\dfrac{7}{3}=\dfrac{9}{3}=3$

だから，グラフは
点(2, 3)を通ります。

手順2 $x=-1$ のとき $y=2$

$y=-\dfrac{1}{3}+\dfrac{7}{3}=\dfrac{6}{3}=2$

だから，グラフは
点(-1, 2)を通ります。

手順3 この2点を通る直線をひきます。

▼ともに整数となる x，y の値の見つけ方

$y=\dfrac{1}{3}x+\dfrac{7}{3}=\dfrac{x+7}{3}$ と変形して，$x+7$ が3の倍数となるような整数 x の値を見つけます。

> たとえば，$x=5$ のとき $y=4$ だから，グラフは点(5, 4)も通るよ。
> また，$x=-4$ のとき $y=1$ だから，グラフは点(-4, 1)も通るね。

1次関数

19 1次関数のグラフをよみとる　中2

問題　レベル ★★☆

右の図の直線(1), (2)の式をそれぞれ求めなさい。

解くための材料

グラフが通る2点の座標をよみとり，
{ 傾き，切片を求める。
$y=ax+b$ に代入する。

解き方

(1) グラフは2点 $(0, -4)$, $(2, -1)$ を通るから，

切片は **-4**，傾きは $\dfrac{3}{2}$

直線の式は，$y = \dfrac{3}{2}x - 4$

(2) グラフは2点 $(-1, 2)$, $(2, 1)$ を通るから，$y=ax+b$ にこの点の座標を代入すると，

$\begin{cases} 2 = -a + b \\ 1 = 2a + b \end{cases}$ 連立方程式として解く $\longrightarrow a = -\dfrac{1}{3},\ b = \dfrac{5}{3}$

直線の式は，$y = -\dfrac{1}{3}x + \dfrac{5}{3}$

1次関数

20 1次関数の変域

中2

問題

レベル ★★☆

1次関数 $y=\dfrac{1}{2}x+2$ で，x の変域が $2\leqq x\leqq 6$ のときの y の変域を求めなさい。

🍽 解くための材料

x の変域 → グラフ上の線分 → y の変域 の順に考える。

解き方

$y=\dfrac{1}{2}x+2$ のグラフは，右下の図のようになります。

x の変域は x 軸上の ▬ の部分

　↓ xの変域をグラフ上に移す

グラフ上の太線の部分

　↓ y軸上に移す

y の変域は y 軸上の ▬ の部分

グラフの端の点をふくむときは●で表す

$x=2$ のとき $y=3$，$x=6$ のとき $y=5$
だから，y の変域は，**$3\leqq y\leqq 5$**

▼ $y=ax+b$ で，$a<0$ のときの変域

1次関数 $y=-\dfrac{1}{2}x+5$ で，x の変域が $2<x<6$ のときの y の変域は，右の図のように，
　$2<y<4$
になります。

グラフの端の点をふくまないときは○で表す

1次関数

21 方程式のグラフのかき方

中2

問題

レベル ★★☆

2元1次方程式 $3x+2y=6$ のグラフをかきなさい。

解くための材料

$ax+by=c$ を等式の変形を使って，$y=■x+●$ の形に変形する。

解き方

$3x+2y=6$ を y について解くと，

$y=-\dfrac{3}{2}x+3$ ← $2y=-3x+6$　等式の変形は P59

これより，グラフは，

　　切片が3，傾きが $-\dfrac{3}{2}$

の直線になります。

▼座標軸との交点を求めてグラフをかく

方程式 $3x+2y=6$ は，$\begin{cases} x=0 \text{のとき} y=3 \rightarrow (0, 3) \cdots y \text{軸との交点} \\ y=0 \text{のとき} x=2 \rightarrow (2, 0) \cdots x \text{軸との交点} \end{cases}$

これより，2点(0, 3), (2, 0)を通る直線をひきます。

! $y=k$, $x=h$ のグラフ

(1) $y=2$ のグラフは，点(0, 2)を通り，x 軸に平行な直線。

(2) $x=-3$ のグラフは，点(-3, 0)を通り，y 軸に平行な直線。

1次関数

22 2直線の交点の座標

中2

問題　レベル ★★★

次の2直線の交点の座標を求めなさい。

$y = 2x - 4$ ……①
$y = -x + 1$ ……②

解くための材料

2直線の交点の座標 → 連立方程式の解である。

解き方

直線①と直線②の式を**連立方程式とみて**、これを解きます。

$$\begin{cases} y = 2x - 4 & \cdots① \\ y = -x + 1 & \cdots② \end{cases}$$

これを解くと、

$2x - 4 = -x + 1$ ← ①を②に代入

$3x = 5$

$x = \dfrac{5}{3}$ ← xの値がx座標

②に $x = \dfrac{5}{3}$ を代入して、

$y = -\dfrac{5}{3} + 1 = -\dfrac{2}{3}$ ← yの値がy座標

グラフからは、直線①と直線②の交点の座標をよみとることができないから…。

グラフ？　計算？

答 $\left(\dfrac{5}{3},\ -\dfrac{2}{3}\right)$

連立方程式の代入法は P115

1次関数

23 直線と三角形の面積

中2

問題 レベル ★★★

右の図で，A(6, 7)，B(−4, 2)です。△OABの面積を求めなさい。

解くための材料

△OAC，△OBCの底辺をOCとみると，高さはそれぞれ点Aのx座標，点Bのx座標の絶対値である。

解き方

手順1 直線ABの式を求める

直線ABの式を$y=ax+b$とおくと，この直線は2点A(6, 7)，B(−4, 2)を通るから，

$\begin{cases} 7=6a+b & \cdots\cdots① \\ 2=-4a+b & \cdots\cdots② \end{cases}$ ← $x=6$, $y=7$を代入
← $x=-4$, $y=2$を代入

①，②を連立方程式として解くと，$a=\dfrac{1}{2}$，$b=4$

これより，直線ABの式は，$y=\dfrac{1}{2}x+4$

手順2 線分OCの長さを求める

直線ABの切片は4だから，点Cの座標は(0, 4)
これより，OC=4

手順3 △ABCの面積を求める

底辺はOC！

$\triangle OAB$
$= \triangle OAC + \triangle OBC$
$= \dfrac{1}{2} \times 4 \times 6 + \dfrac{1}{2} \times 4 \times 4$
　　△OACの面積　　△OBCの面積
$= 12 + 8 = 20$

1次関数

24 面積を2等分する直線の式

中2

問題

レベル ★★★

右の図のように，3点A(7, 9)，B(0, 6)，C(8, 0)があります。点Aを通り△ABCの面積を2等分する直線の式を求めなさい。

解くための材料

BM=CM ならば △ABM=△ACM

解き方

手順 1 線分 BC の中点を M とすると，その座標は，

線分BCの中点の座標を求める

$\left(\dfrac{8}{2},\ \dfrac{6}{2}\right)=$ **(4, 3)**

手順 2 直線 AM の式を $y=ax+b$ と

直線AMの式を求める

おくと，求める直線は2点 A(7, 9)，M(4, 3)を通るから，

$\begin{cases} 9=7a+b & \cdots\cdots① \\ 3=4a+b & \cdots\cdots② \end{cases}$

①，②を連立方程式として解くと，$a=2,\ b=-5$

これより，求める直線の式は，$y=2x-5$

面積を2等分する直線 P213

関数 $y=ax^2$

25 $y=ax^2$ の式の求め方

中3

問題 レベル ★★☆

y は x の2乗に比例し，$x=3$ のとき $y=18$ です。$x=-2$ のときの y の値を求めなさい。

解くための材料

暗記 y が x の2乗に比例 → $y=\underset{\uparrow 比例定数}{a}x^2$ に，x, y の値を代入する。

解き方

手順1 式を求める

y は x の2乗に比例するから，比例定数を a とすると，

$$y=ax^2$$

とおけます。

$x=3$ のとき $y=18$ だから，← x, y の値を代入

$18=a\times 3^2$

$a=2$

これより，式は，$y=2x^2$

手順2 y の値を求める

この式に $x=-2$ を代入すると，

$y=2\times(-2)^2=\mathbf{8}$

▼関数 $y=ax^2$ の式とグラフの関係

$y=2x^2$ のグラフは，右の図のようになります。
$x=3$ のとき $y=18$ だから，グラフは点 $(3, 18)$ を通ります。
$x=-2$ のときの y の値は，x 座標の -2 に対応する y 座標で 8 になります。

関数 $y=ax^2$

26 $y=ax^2$ のグラフのかき方

中3

問題 レベル ★☆☆

$y=\dfrac{1}{2}x^2$ のグラフをかきなさい。

解くための材料

x, y の値の対応表をつくる → 点をとる → 点を通る<u>放物線</u>をかく。

解き方

手順 1 x の値に対応する y の値を求めます。

対応表をつくる

x	…	−4	−3	−2	−1	0	1	2	3	4	…
y	…	8	$\dfrac{9}{2}$	2	$\dfrac{1}{2}$	0	$\dfrac{1}{2}$	2	$\dfrac{9}{2}$	8	…

手順 2 上の表の x, y の値の組を座標とする点をとります。

点をとる

手順 3 とった点を通る<u>なめらかな曲線</u>をかきます。
↑
この曲線を放物線という

グラフをかく

! $y=ax^2$ のグラフの特徴

① 原点を通ります。
② y 軸を対称の軸として，線対称な形になります。
③ $a>0$ のとき → x 軸の上側にあり，上に開いた形になります。
   $a<0$ のとき → x 軸の下側にあり，下に開いた形になります。

159

関数 $y=ax^2$

27 $y=ax^2$ のグラフの特徴

中3

問題　レベル ★★☆

右の図のア〜エは，
① $y=2x^2$　　② $y=-x^2$
③ $y=\dfrac{1}{2}x^2$　　④ $y=-\dfrac{1}{2}x^2$
のいずれかのグラフです。
それぞれのグラフの式を，
①〜④で答えなさい。

🍽 解くための材料

$y=ax^2$ のグラフでは，a の絶対値が大きくなるほど，グラフの開き方は小さくなる。

🍳 **解き方**

手順1 上に開いたグラフを判別

アとイのグラフは上に開いているから，比例定数は正。
これより，アとイの式は①か③
次に，グラフの開き方を比べると，イのほうが小さいから，比例定数の絶対値はイのほうが大きくなります。
以上より，アの式は③，イの式は①

手順2 下に開いたグラフを判別

ウとエのグラフは下に開いているから，比例定数は負。
これより，ウとエの式は②か④
同様に，グラフの開き方を比べると，エのほうが小さいから，比例定数の絶対値はエのほうが大きくなります。
以上より，ウの式は④，エの式は②

関数 $y=ax^2$

28 $y=ax^2$ のグラフをよみとる

中3

問題 レベル ★★☆

右の放物線について、y を x の式で表しなさい。

解くための材料

$y=ax^2$ にグラフが通る点の座標を代入する。

解き方

手順1 グラフは、点(3, -6) を通ります。

x座標、y座標がはっきりよみとれる点を見つける

手順2 $y=ax^2$ に $x=3$, $y=-6$ を代入すると、

$$-6 = a \times 3^2$$

$$a = -\frac{2}{3}$$

これより、グラフの式は、

$$y = -\frac{2}{3}x^2$$

グラフは下に開いた形だから、比例定数は負になるね。

関数 $y=ax^2$

29 $y=ax^2$ の変域

中3

問題　レベル ★★☆

関数 $y=x^2$ で，x の変域が $-3 \leq x \leq 2$ のときの y の変域を求めなさい。

解くための材料

グラフをかいて，y の最大値と最小値を見つける。

解き方

関数 $y=ax^2$ の変域を求めるときは，まずグラフをかきます。

関数 $y=x^2$ のグラフは，右の図のようになります。

右のグラフで，x の変域 $-3 \leq x \leq 2$ に対応するのは ■ の部分です。

x の変域に対応する y の値を調べると，

$x=0$ のとき **y は最小値 0** ← $x=2$ のとき y は最小値 4 としないように

$x=-3$ のとき **y は最大値 9**

をとります。

これより，y の変域は，**$0 \leq y \leq 9$**

1次関数の変域は **P153**

▼関数 $y=ax^2$ で，x の変域に 0 をふくむときの y の変域

● $a>0$ のとき，y の最小値は 0 になります。

● $a<0$ のとき，y の最大値は 0 になります。

関数 $y=ax^2$

30 $y=ax^2$ の変化の割合

中3

問題　レベル ★★☆

関数 $y=\dfrac{1}{2}x^2$ で，x の値が2から4まで増加するときの変化の割合を求めなさい。

> **解くための材料**
>
> 変化の割合 $=\dfrac{y \text{の増加量}}{x \text{の増加量}}$ （一定ではない）

解き方

x の増加量は，$4-2=2$

$x=2$ のとき，$y=\dfrac{1}{2}\times 2^2=2$

$x=4$ のとき，$y=\dfrac{1}{2}\times 4^2=8$

だから，y の増加量は，$8-2=6$

これより，変化の割合は，

$\dfrac{6}{2}=3$　← この変化の割合は，2点A(2, 2)，B(4, 8)を通る直線の傾きに等しい

直線ABの傾きは $\dfrac{8-2}{4-2}=3$

▼ 関数 $y=ax^2$ の変化の割合は一定ではない

関数 $y=\dfrac{1}{2}x^2$ で，x の値が4から6まで増加するときの変化の割合を求めて，上の変化の割合と比べてみましょう。

x の増加量は，$6-4=2$

y の増加量は，$\dfrac{1}{2}\times 6^2-\dfrac{1}{2}\times 4^2=18-8=10$

変化の割合は，$\dfrac{10}{2}=5$

これより，関数 $y=ax^2$ の変化の割合は一定ではないことがわかります。

1次関数の変化の割合は一定だね。だけど、関数 $y=ax^2$ の変化の割合は一定ではないよ。

1次関数の変化の割合は P146

関数 $y=ax^2$

31 変化の割合から式を求める

中3

問題

レベル ★★★

関数 $y=ax^2$ で，x の値が1から3まで増加するときの変化の割合が-4になりました。a の値を求めなさい。

解くための材料

変化の割合を a を使った式で表し，a についての方程式をつくる。

解き方

手順1 変化の割合をaで表す

x の増加量は，$3-1=2$

y の増加量は，

$a \times 3^2 - a \times 1^2 = 9a - a = 8a$

　　↑$x=3$のとき　　↑$x=1$のとき
　　のyの値　　　　のyの値

これより，変化の割合は，

$\dfrac{8a}{2} = 4a$ ← $\dfrac{y\text{の増加量}}{x\text{の増加量}}$

→ ▼1つの式に表して計算できる

$\dfrac{a \times 3^2 - a \times 1^2}{3-1}$
$= \dfrac{9a-a}{2}$
$= \dfrac{8a}{2}$
$= 4a$

手順2 aの値を求める

この変化の割合が-4になることから，

$4a = -4$

$a = -1$

グラフを見るべし！

グラフで表すと，右の図のように，2点$(1, a)$, $(3, 9a)$を通る直線の傾きが-4になるということだよ。

関数 $y=ax^2$

32 放物線と線分の長さ　　中3

問題　　レベル ★★★

右の図のように,放物線 $y=\dfrac{1}{3}x^2$ 上に2点A,Bがあり,x軸上に点Cがあります。AB=ACのとき,点Aの座標を求めなさい。ただし,点Aのx座標は正とします。

解くための材料

放物線 $y=ax^2$ 上の点は,(t, at^2) と表せる。

解き方

手順1　点Aは放物線 $y=\dfrac{1}{3}x^2$ 上の点だから,その座標は $\left(t, \dfrac{1}{3}t^2\right)$
　　　　　　　　　　　　　　　　　　　　　　　　　　　　　x座標をtとする

手順2（線分ABの長さをtで表す）

点Bのx座標は $-t$ だから,
← 点Aと点Bはy軸について対称

AB$= t-(-t) = 2t$

手順3（線分ACの長さをtで表す）

ACの長さは点Aのy座標に等しいから,AC$=\dfrac{1}{3}t^2$

手順4（tについての方程式を解く）

AB=AC より,$2t = \dfrac{1}{3}t^2$

これを解くと,$t=0$,$t=6$

$t>0$ だから,$t=6$

点Aのy座標は,$\dfrac{1}{3}\times 6^2 = 12$

答 A(6, 12)

関数 $y=ax^2$

33 2つの放物線　　　中3

問題　　レベル ★★★

右の図のように，放物線 $y=x^2$，$y=ax^2$ と x 軸に平行な直線BCがあります。OB＝ACのとき，a の値を求めなさい。

解くための材料

点Aの座標 → 点Cの座標 → a の値 の順に求める。

解き方

手順1 点Aの座標を求める

点Aは放物線 $y=x^2$ 上の点だから，y 座標は，$y=2^2=4$
これより，A(2，4)

手順2 点Cの座標を求める

点Bの y 座標は4だから，
　OB＝4
OB＝AC＝4 より，
　BC＝2＋4＝6
だから，点Cの x 座標は6
また，点Cの y 座標は4
これより，C(6，4)

手順3 a の値を求める

放物線 $y=ax^2$ は点C(6，4)を通るから，
　$4=a\times6^2$，$a=\dfrac{1}{9}$ ← $y=ax^2$ に $x=6$，$y=4$ を代入

関数 $y=ax^2$

34 放物線と直線の交点①

中3

問題　レベル ★★★

右の図のように，放物線 $y=ax^2$ と直線 $y=bx+c$ が2点A，Bで交わっています。a，b，cの値を求めなさい。

解くための材料

2点A，Bのx座標，y座標は，$y=ax^2$ と $y=bx+c$ のどちらの式も成り立たせる。

解き方

手順1 放物線の式を求める

放物線 $y=ax^2$ は点 A$(-4, 8)$ を通るから，

$8 = a \times (-4)^2$ ← $y=ax^2$に$x=-4$，$y=8$を代入

$a = \dfrac{1}{2}$

手順2 点Bの座標を求める

放物線 $y=\dfrac{1}{2}x^2$ は点 B も通るから，その y 座標は，

$y = \dfrac{1}{2} \times 2^2 = 2$

これより，B$(2, 2)$

手順3 直線の式を求める

直線 $y=bx+c$ は2点 A$(-4, 8)$，B$(2, 2)$ を通るから，

$\begin{cases} 8 = -4b + c & \cdots ① \\ 2 = 2b + c & \cdots ② \end{cases}$

← $x=-4$，$y=8$を代入
← $x=2$，$y=2$を代入

①，②を連立方程式として解くと，$b = -1$，$c = 4$

関数 $y=ax^2$

35 放物線と直線の交点 ②

中3

問題 レベル ★★★

右の図のように，放物線 $y=x^2$ と直線 $y=x+6$ が2点A，Bで交わっています。2点A，Bの座標を求めなさい。

解くための材料

$y=ax^2$ と $y=bx+c$ の交点の座標 → $\begin{cases} y=ax^2 \\ y=bx+c \end{cases}$ の解。

解き方

放物線 $y=x^2$ と直線 $y=x+6$ の交点の座標は，この2つの式を同時にみたす x，y の値の組になります。

$\begin{cases} y=x^2 & \cdots\cdots① \\ y=x+6 & \cdots\cdots② \end{cases}$

②に①を代入すると，

$$x^2=x+6$$
$$x^2-x-6=0$$
$$(x+2)(x-3)=0$$
$$x=\boxed{-2},\ x=\boxed{3}$$

点Aのx座標 ↑   ↑ 点Bのx座標

$x=-2$ のとき $y=4$ だから，**A$(-2,\ 4)$**
$x=3$ のとき $y=9$ だから，**B$(3,\ 9)$**

計算ミスに気をつけて！！

図形

単元名	回数	項目名	学年	ページ
作図	1	中点の作図	中1	170
	2	円の作図		171
	3	30°の角の作図		172
	4	3辺までの距離が等しい点の作図		173
	5	垂線の作図		174
	6	三角形の高さの作図		175
おうぎ形	7	おうぎ形の弧の長さと面積		176
	8	おうぎ形の中心角を求める		177
	9	円の面積を使って		178
	10	おうぎ形の面積を使って		179
空間図形	11	ねじれの位置		180
	12	直線や平面の平行・垂直		181
	13	回転体の見取図		182
	14	投影図をよみとる		183
	15	角柱の表面積		184
	16	円柱の表面積		185
	17	角錐の表面積		186
	18	円錐の表面積		187
	19	角柱や円柱の体積		188
	20	角錐や円錐の体積		189
	21	球の表面積と体積		190
	22	回転体の体積		191
角	23	同位角と錯角	中2	192
	24	平行線と角		193
	25	三角形の内角と外角		194
	26	三角形の角の性質を使って		195
	27	多角形の内角と外角		196
	28	正多角形の角		197
三角形	29	合同な図形の性質		198
	30	合同になるための条件		199
	31	三角形の合同の証明1		200
	32	三角形の合同の証明2		201
	33	二等辺三角形の角		202
	34	二等辺三角形の角を使って		203
	35	二等辺三角形の性質を使った証明		204
	36	二等辺三角形であることの証明		205
	37	直角三角形の合同の証明1		206
	38	直角三角形の合同の証明2		207

単元名	回数	項目名	学年	ページ
四角形	39	平行四辺形の角		208
	40	平行四辺形の性質を使った証明1		209
	41	平行四辺形の性質を使った証明2		210
	42	平行四辺形であることの証明		211
	43	平行線と面積		212
	44	面積を2等分する直線		213
相似な図形	45	相似な図形の辺	中3	214
	46	三角形の相似		215
	47	三角形の相似の証明		216
	48	平行線と線分の比の定理		217
	49	三角形と比の定理		218
	50	角の二等分線と比		219
	51	中点連結定理		220
	52	中点連結定理を使った証明		221
	53	相似な図形の面積の比		222
	54	相似な立体の体積の比		223
円	55	円周角の定理		224
	56	半円の弧に対する円周角		225
	57	円周角と弧		226
	58	円周角の定理の逆		227
	59	接線と半径がつくる角		228
	60	円の接線の作図		229
	61	円と三角形の合同		230
	62	円と三角形の相似		231
三平方の定理	63	三平方の定理		232
	64	三平方の定理の逆		233
	65	長方形の対角線の長さ		234
	66	正三角形の高さと面積		235
	67	特別な直角三角形の3辺の比		236
	68	円の弦の長さ		237
	69	円の接線の長さ		238
	70	三平方の定理と方程式		239
	71	座標平面上の2点間の距離		240
	72	直方体の対角線の長さ		241
	73	正四角錐への利用		242
	74	円錐への利用		243
	75	最短の長さ		244

作図

1 中点の作図

中1

問題 レベル ★★☆

右の図の線分ABの
中点Mを作図しなさい。

A •────────• B

> **解くための材料**
>
> 線分ABの垂直二等分線を作図する。

解き方 作図 ・・・・・・・・・・・・・・・・・・・・・・・・・

線分 AB の中点は，線分 AB の垂直二等分線と AB との交点になります。

❶ 点 A，B を中心として等しい半径の円をかきます。

❷ 2つの円の交点を C，D とします。

❸ 直線 CD をひき，線分 AB との交点を M とします。

▼作図のルール
- 使うことができるのは，定規とコンパスだけです。ただし，定規は直線をひくためだけに使い，定規で長さをはかってはいけません。
- 作図をするときに使った線は，どのように作図したかがわかるように，消さずに残しておきます。

（作図では，分度器を使ってはいけないよ。）

作図

2 円の作図

中1

問題　レベル ★★☆

右の図の3点A，B，Cを通る円Oを作図しなさい。

解くための材料

2点A，Bからの距離が等しい点は，線分ABの垂直二等分線上にある。

解き方　作図

中心Oは3点A，B，Cからの距離が等しい点だから，**線分ABの垂直二等分線と線分BCの垂直二等分線の交点になります。**

❶ 線分ABの垂直二等分線を作図します。

①点A，Bを中心として等しい半径の円をかきます。
②2つの円の交点を通る直線をひきます。

❷ 同じようにして，線分BCの垂直二等分線を作図します。

❸ 2つの垂直二等分線の交点をOとします。

❹ 点Oを中心として，半径OAの円をかきます。
　　OB，OCを半径としてもよい

作図

3 30°の角の作図

中1

問題

レベル ★★★

30°の角を作図しなさい。

🍳 解くための材料

まず正三角形を作図 → 次に60°の角の二等分線を作図する。

解き方 作図

❶ 60°の∠CAB を作図します。
　　　↓ 正三角形ABCを作図する

①線分 AB をひきます。
②点 A, B を中心として半径 AB の円をかき,その交点を C とします。
③半直線 AC をひきます。

❷ 頂点 A を中心として円をかき,辺 AB, AC との交点をそれぞれ D, E とします。

❸ 点 D, E を中心として等しい半径の円をかき,その交点を F とします。

❹ 半直線 AF をひきます。

作図

4 3辺までの距離が等しい点の作図 　中1

問題 レベル ★★☆

右の図の△ABCの3辺AB, BC, CAまでの距離が等しい点Pを作図しなさい。

解くための材料

角の2辺OA, OBまでの距離が等しい点は, ∠AOBの二等分線上にある。

解き方 作図

点Pは, ∠Aの二等分線と∠Bの二等分線との交点になります。
　　　　↑ ∠Cの二等分線でもよい

❶ ∠Aの二等分線を作図します。

　①頂点Aを中心とする円をかき, 辺AB, ACとの交点をそれぞれD, Eとします。
　②点D, Eを中心として等しい半径の円をかき, その交点をFとします。
　③半直線AFをひきます。

❷ ∠Bの二等分線を作図します。

❸ 2つの角の二等分線の交点をPとします。

173

作図

5 垂線の作図

中1

問題　レベル ★★☆

右の図で，点Pを通り，直線ABに垂直な直線を作図しなさい。

A————————P————————B

解くための材料

180°の角の二等分線を作図する。

解き方 作図

一直線の角度は180°です。これより，∠APBを180°の角とみて，∠APBの二等分線を作図します。

❶ 点Pを中心とする円をかき，直線ABとの交点をC，Dとします。

❷ 点C，Dを中心として等しい半径の円をかき，その交点をEとします。

❸ 直線EPをひきます。

∠APE＝90°だから，直線EPは直線ABの垂線になるね。

作図

6 三角形の高さの作図

中1

問題 レベル ★★☆

右の図の△ABCで、辺BCを底辺とするときの高さAHを作図しなさい。

解くための材料

高さAHは、頂点Aから辺BCにひいた**垂線の長さ**である。

解き方 作図

❶ 点Aを中心として円をかき、BCとの交点をD、Eとします。

❷ 点D、Eを中心として等しい半径の円をかき、その交点をFとします。

❸ 直線AFをひき、BCとの交点をHとします。

▼垂線のもう1つの作図のしかた
 ❶ 辺BC上に点Pをとり、半径PAの円をかきます。
 ❷ 辺BC上に点Qをとり、半径QAの円をかきます。
 ❸ 2つの円の交点のうち、A以外の点をRとし直線ARをひき、BCとの交点をHとします。

おうぎ形

7 おうぎ形の弧の長さと面積

中1

問題

レベル ★☆☆

右の図のおうぎ形の弧の
長さと面積を求めなさい。

135°
4cm

解くための材料

半径 r，中心角 $a°$ のおうぎ形の弧の長さを ℓ，面積を S とすると，

$$\ell = 2\pi r \times \frac{a}{360}, \quad S = \pi r^2 \times \frac{a}{360}$$

解き方

弧の長さは，$2\pi \times \boxed{4} \times \dfrac{\boxed{135}}{360} = \boldsymbol{3\pi} \textbf{(cm)}$
　　　　　　　　↑半径　　↑中心角

面積は，$\pi \times \boxed{4}^2 \times \dfrac{\boxed{135}}{360} = \boldsymbol{6\pi} \textbf{(cm}^2\textbf{)}$
　　　　　　↑半径　　　↑中心角

こんなときは ▶ もう1つのおうぎ形の面積の公式

問題 右の図のおうぎ形の面積を
求めなさい。

4π cm
12cm

解き方

半径 r，弧の長さ ℓ のおうぎ形の面積 S は，$\boldsymbol{S = \dfrac{1}{2}\ell r}$

面積は，$\dfrac{1}{2} \times 4\pi \times 12 = \boldsymbol{24\pi} \textbf{(cm}^2\textbf{)}$

おうぎ形

8 おうぎ形の中心角を求める　中1

問題　レベル ★★☆

半径10cm，弧の長さ8πcmのおうぎ形の中心角の大きさを求めなさい。

解くための材料

$$\frac{弧の長さ}{円周} = \frac{中心角}{360°} \rightarrow 中心角 = 360° \times \frac{弧の長さ}{円周}$$

解き方

おうぎ形の弧の長さは，同じ円の円周の

$$\frac{8\pi}{2\pi \times 10} = \frac{2}{5} \leftarrow \frac{弧の長さ}{円周}$$

になるから，中心角も360°の$\frac{2}{5}$になります。

↑ おうぎ形の弧の長さは，中心角の大きさに比例する

これより，$360° \times \frac{2}{5} = \mathbf{144°}$

▼公式 $\ell = 2\pi r \times \frac{a}{360}$ を利用する解き方

おうぎ形の中心角を$x°$とすると，

$2\pi \times 10 \times \frac{x}{360} = 8\pi$

これを解くと，$x = 144$
これより，中心角は144°

> おうぎ形の面積も，中心角の大きさに比例するよ。

おうぎ形

9 円の面積を使って

中1

問題 レベル ★★★

右の図で，四角形ABCD，EFGHは正方形です。色のついた部分の面積を求めなさい。

解くための材料

暗記 円の面積＝π×(半径)^2
正方形の面積＝対角線×対角線÷2

解き方

手順1 円の面積を求める

円Oは正方形ABCDにぴったり入っているから，円Oの半径は，
$6÷2=3$(cm)
円Oの面積は，
$π×3^2=9π$(cm^2)

手順2 正方形EFGHの面積を求める

正方形EFGHは円Oにぴったり入っているから，この正方形の対角線の長さは6cm
正方形EFGHの面積は，
$6×6÷2=18$(cm^2)

手順3 これより，色のついた部分の面積は，
$9π−18$(cm^2)

おうぎ形

10 おうぎ形の面積を使って

中1

問題

レベル ★★☆

右の図の色のついた部分の面積を求めなさい。

8cm
12cm

解くための材料

半径 r，中心角90°のおうぎ形の面積 → $\pi r^2 \times \dfrac{90}{360}$

解き方

大きいおうぎ形の面積−小さいおうぎ形の面積=色のついた部分の面積

手順1 大きいおうぎ形の面積は，

$$\pi \times 12^2 \times \dfrac{90}{360} = 36\pi \,(\text{cm}^2)$$ ← $\pi r^2 \times \dfrac{a}{360}$

手順2 小さいおうぎ形の面積は，

$$\pi \times 8^2 \times \dfrac{90}{360} = 16\pi \,(\text{cm}^2)$$

手順3 これより，色のついた部分の面積は，

$$36\pi - 16\pi = \mathbf{20\pi \,(\text{cm}^2)}$$

空間図形

11 ねじれの位置

中1

問題   レベル ★☆☆

右の図の直方体で，直線ABとねじれの位置にある直線はどれですか。

解くための材料

平行でなく，交わらない2直線の位置関係 → ねじれの位置にある。

解き方

手順1
ABと平行な直線は

直線ABと平行な直線は，
DC ← 長方形ABCDの対辺
EF ← 長方形AEFBの対辺
HG ← AB∥DC，DC∥HG より，AB∥HG

手順2
ABと交わる直線は

直線ABと交わる直線は，
AD，AE，BC，BF

手順3

直線ABとねじれの位置にある直線は，

DH，EH，CG，FG

↑ ABと平行な直線と，ABと交わる直線を除いた直線

空間図形

12 直線や平面の平行・垂直

中1

問題　レベル ★★☆

空間内で，直線 ℓ，m と平面 P，Q，R について，次のことがらのうち，正しいものを記号で答えなさい。

ア　$\ell /\!/ P$，$m /\!/ P$ のとき，$\ell /\!/ m$
イ　$\ell \perp P$，$m \perp P$ のとき，$\ell /\!/ m$
ウ　$P \perp R$，$Q \perp R$ のとき，$P /\!/ Q$

解くための材料

直方体の辺を直線，面を平面とみて位置関係を調べる。

解き方

ア　右の直方体で，
　　$\ell /\!/ P$，$m /\!/ P$
　しかし，$\ell \perp m$ で，$\ell /\!/ m$ ではない。
　したがって，正しくない。

イ　右の直方体で，
　　$\ell \perp P$，$m \perp P$
　このとき，$\ell /\!/ m$ である。
　したがって，正しい。

ウ　右の直方体で，
　　$P \perp R$，$Q \perp R$
　しかし，$P \perp Q$ で，$P /\!/ Q$ ではない。
　したがって，正しくない。

答　イ

▼正しくないことを示すには，正しくない例を1つ示せばよい。この例を反例といいます。

空間図形

13 回転体の見取図

中1

問題　レベル ★★☆

次の図形を，直線ℓを軸として1回転させてできる立体の見取図をかきなさい。

(1)　(2)

解くための材料

長方形を回転させると円柱，直角三角形を回転させると円錐。

解き方

(1) 右の図のような，大きい円柱から小さい円柱をくりぬいた立体になります。

▼回転体とは？
平面図形を，1つの直線を軸として1回転させてできる立体を回転体といいます。

回転の軸
母線

(2) 右の図のような，円錐を底面に平行な面で切り取った立体になります。

右のような立体を円錐台というよ。

回転の軸
母線

空間図形

14 投影図をよみとる

中1

問題 レベル ★☆☆

次の投影図はそれぞれ何という立体ですか。

(1)　　　　　　　　　　(2)

解くための材料

正面から見た形 → **立面図**，真上から見た形 → **平面図**。

解き方

(1) <mark>正面から見た図</mark>が長方形だから，← 立面図

　　角柱または円柱。

　　<mark>真上から見た図</mark>が三角形だから，← 平面図

　　底面は三角形。

　　これより，この立体は**三角柱**。
　　　　　　　　　　　正三角柱でもよい

(2) 正面から見た図が三角形だから，

　　角錐または円錐。

　　真上から見た図が円だから，

　　底面は円。

　　これより，この立体は**円錐**。

空間図形

15 角柱の表面積

中1

問題 レベル ★★☆

右の図の三角柱の側面積，底面積，表面積を求めなさい。

8cm / 6cm / 10cm / 5cm

解くための材料

暗記 角柱の表面積＝側面積＋底面積×2

解き方

立体の表面積は，その立体の展開図の面積と等しくなります。

底面積 — 6cm / 10cm
側面積 — 6cm / 8cm / 10cm / 5cm

上でも下でも底面というよ。

側面積は， $5 \times (6+8+10) = 120 \, (\text{cm}^2)$ ← 高さ×底面の周の長さ
↑ 側面全体の面積

底面積は， $\dfrac{1}{2} \times 6 \times 8 = 24 \, (\text{cm}^2)$ ← 直角三角形の面積
↑ 1つの底面の面積

表面積は， $120 + 24 \times 2 = 168 \, (\text{cm}^2)$ ← 側面積＋底面積×2
↑ 表面全体の面積

空間図形

16 円柱の表面積

中1

問題　レベル ★★☆

右の図の円柱の表面積を求めなさい。

4cm
6cm

解くための材料

展開図の側面の長方形の横の長さ＝底面の円周の長さ

解き方

円柱の展開図では，側面は**長方形**，底面は**2つの円**になります。

底面積 → 4cm（重なり合うから等しい）

側面積 → $(2\pi \times 4)$ cm ， 6cm

側面積は，$6 \times (2\pi \times 4) = 48\pi (\text{cm}^2)$ ← 高さ×底面の周の長さ
　　　　　　↑　　　↑
　　　　　高さ　底面の円周の長さ

底面積は，$\pi \times 4^2 = 16\pi (\text{cm}^2)$ ← 半径4cmの円の面積

表面積は，$48\pi + 16\pi \times 2 = \mathbf{80\pi (\text{cm}^2)}$ ← 側面積＋底面積×2

空間図形

17 角錐の表面積

中1

問題　レベル ★★☆

右の図の正四角錐の表面積を求めなさい。

9cm
6cm

解くための材料

暗記　角錐の表面積＝側面積＋底面積

解き方

正四角錐の展開図では、
側面は4つの合同な二等辺三角形、
底面は正方形
になります。

9cm
側面積
6cm
底面積

正●角錐は、底面が正多角形で、側面がすべて合同な二等辺三角形だよ。

側面積は、$\dfrac{1}{2} \times 6 \times 9 \times 4 = 108 \,(\text{cm}^2)$　← 側面の数　← 底辺6cm、高さ9cmの二等辺三角形の面積

底面積は、$6 \times 6 = 36 \,(\text{cm}^2)$　← 1辺が6cmの正方形の面積

表面積は、$108 + 36 = \mathbf{144 \,(cm^2)}$　← 側面積＋底面積

空間図形

18 円錐の表面積

中1

問題

レベル ★★☆

右の図の円錐の表面積を求めなさい。

12cm
5cm

解くための材料

おうぎ形の弧の長さ＝底面の円周の長さ

解き方

円錐の展開図では，側面は**おうぎ形**，底面は**円**になります。

右の展開図で，

$\stackrel{\frown}{AB}$ は底面の円 O′ の円周に等しいから，

$\stackrel{\frown}{AB} = 2\pi \times 5 = 10\pi \,(\mathrm{cm})$

側面積は，

$\dfrac{1}{2} \times 10\pi \times 12 = 60\pi \,(\mathrm{cm}^2)$

↑ 半径12cm，弧の長さ10cm のおうぎ形の面積

底面積は，$\pi \times 5^2 = 25\pi \,(\mathrm{cm}^2)$

↑ 半径5cmの円の面積

表面積は，$60\pi + 25\pi = \boldsymbol{85\pi} \,(\mathbf{cm}^2)$

↑ 側面積＋底面積

! **おうぎ形の面積の公式**

半径 r，弧の長さ ℓ のおうぎ形の面積 S は，

$$S = \dfrac{1}{2}\ell r$$

おうぎ形の面積は ▶ P176

空間図形

19 角柱や円柱の体積

中1

問題　レベル ★★☆

次の三角柱と円柱の体積を求めなさい。

(1) 8cm, 6cm, 4cm

(2) 7cm, 3cm

解くための材料

暗記 角柱・円柱の体積＝底面積×高さ

解き方

(1) 底面積は，$\dfrac{1}{2} \times 6 \times 4 = 12 (\text{cm}^2)$ ← 底面の直角三角形の面積

高さは 8 cm

これより，体積は，

$12 \times 8 = 96 (\text{cm}^3)$ ← 底面積×高さ

(2) 底面積は，$\pi \times 3^2 = 9\pi (\text{cm}^2)$ ← 底面の円の面積

高さは 7 cm

これより，体積は，

$9\pi \times 7 = 63\pi (\text{cm}^3)$

↑ 底面積×高さ

！ 円柱の体積の公式

$V = \pi r^2 h$

空間図形

20 角錐や円錐の体積

中1

問題 レベル ★★☆

次の正四角錐と円錐の体積を求めなさい。

(1) 5cm 3cm

(2) 9cm 5cm

解くための材料

暗記 角錐・円錐の体積＝$\dfrac{1}{3}$×底面積×高さ

解き方

角錐や円錐の体積は，底面が合同で，高さが等しい角柱や円柱の体積の$\dfrac{1}{3}$になります。

(1) 底面積は，$3\times3=9(\text{cm}^2)$ ← 1辺が3cmの正方形の面積

高さは5cm

これより，体積は，$\dfrac{1}{3}\times9\times5=15(\text{cm}^3)$ ← $\dfrac{1}{3}$×底面積×高さ

(2) 底面積は，$\pi\times5^2=25\pi(\text{cm}^2)$ ← 半径5cmの円の面積

高さは9cm

これより，体積は，

$\dfrac{1}{3}\times25\pi\times9=75\pi(\text{cm}^3)$

↑ $\dfrac{1}{3}$×底面積×高さ

！ 円錐の体積の公式

$\rightarrow V=\dfrac{1}{3}\pi r^2 h$

空間図形

21 球の表面積と体積

中1

問題　レベル ★★☆

右の図の球の表面積と体積を求めなさい。

6cm

解くための材料

半径 r の球の表面積を S, 体積を V とすると,

$$S = 4\pi r^2, \quad V = \frac{4}{3}\pi r^3$$

解き方

表面積は,

$4\pi \times 6^2 = 144\pi \, (\text{cm}^2)$　← $S = 4\pi r^2$

体積は,

$\frac{4}{3}\pi \times 6^3 = 288\pi \, (\text{cm}^3)$　← $V = \frac{4}{3}\pi r^3$

公式の覚え方は,
$\underline{\text{心}}\ \underline{\text{配}}\ \text{ある}\ \underline{\text{事情}}$
　4　π　r　2乗
$\underline{\text{身の上に}}\ \underline{\text{心}}\ \text{配}\ \text{あるのて}\ \underline{\text{参上}}$
　$\frac{4}{3}$　π　r　3乗

ゴロゴロ
ゴロ覚えー

こんなときは　半球の表面積

問題　右の図の半球の表面積を求めなさい。

6cm

解き方

半球の曲面の部分の面積は, $4\pi \times 6^2 \div 2 = 72\pi \, (\text{cm}^2)$

また, 平面の部分の面積は, $\pi \times 6^2 = 36\pi \, (\text{cm}^2)$

これより, 表面積は, $72\pi + 36\pi = 108\pi \, (\text{cm}^2)$

空間図形

22 回転体の体積

中1

問題

レベル ★★★

右の図の台形ABCDを、辺ADを軸として1回転させてできる立体の体積を求めなさい。

解くための材料

基本になる回転体は、円柱と円錐である。

解き方

手順1 できる回転体は、右の図のような円錐と円柱を組み合わせた立体になります。

手順2 円錐の部分の体積は、

$$\frac{1}{3}\pi \times 5^2 \times 6 = 50\pi \,(\text{cm}^3)$$ ← $\frac{1}{3}\pi \times (半径)^2 \times 高さ$

手順3 円柱の部分の体積は、

$$\pi \times 5^2 \times 4 = 100\pi \,(\text{cm}^3)$$ ← $\pi \times (半径)^2 \times 高さ$

手順4 これより、回転体の体積は、

$$50\pi + 100\pi = 150\pi \,(\text{cm}^3)$$ ← 円錐の体積＋円柱の体積

回転体は P182

角

23 同位角と錯角　　中2

問題　レベル ★☆☆

右の図で，$\ell \mathbin{/\mkern-6mu/} m$ のとき，$\angle x$，$\angle y$ の大きさを求めなさい。

解くための材料

暗記　$\ell \mathbin{/\mkern-6mu/} m$ ならば，$\begin{cases} \angle a = \angle c \\ \angle b = \angle c \end{cases}$

錯角 … $\angle b$　同位角 … $\angle a$

解き方

$\ell \mathbin{/\mkern-6mu/} m$ で，同位角は等しいから，
　$\angle x = 50°$

$\ell \mathbin{/\mkern-6mu/} m$ で，錯角は等しいから，
　$\angle y = 65°$

▼ 同位角とは？　錯角とは？

右の図の $\angle a$ と $\angle c$ のような位置にある角を**同位角**，
$\angle b$ と $\angle d$ のような位置にある角を**錯角**といいます。

！ 平行線になるための条件

$\angle a = \angle c$（同位角が等しい）
$\angle b = \angle c$（錯角が等しい）
　　ならば，$\ell \mathbin{/\mkern-6mu/} m$

▼ 対頂角とは？

右の図の $\angle a$ と $\angle c$，$\angle b$ と $\angle d$ のように向かい合っている角を
対頂角といいます。
対頂角は等しい。

角

24 平行線と角

中2

問題 レベル ★★☆

右の図で，$\ell \mathbin{/\mkern-3mu/} m$ のとき，$\angle x$ の大きさを求めなさい。

解くための材料

右の図のような補助線をひいて，平行線の錯角は等しいことを利用する。

解き方

右下の図のような，直線 ℓ，m に平行な直線 n をひきます。

$\ell \mathbin{/\mkern-3mu/} n$ で，錯角は等しいから，
 $\angle a = 40°$
$m \mathbin{/\mkern-3mu/} n$ で，錯角は等しいから，
 $\angle b = 35°$
これより，
 $\angle x = 40° + 35° = \mathbf{75°}$

▼別の補助線のひき方

右の図のような直線をひきます。
$\ell \mathbin{/\mkern-3mu/} m$ で，錯角は等しいから，
 $\angle c = 40°$
三角形の外角は，それととなり合わない2つの内角の和に等しいから，
 $\angle x = 40° + 35° = 75°$

角

25 三角形の内角と外角

中2

問題　レベル ★☆☆

次の図で、∠x の大きさを求めなさい。

(1) 58°, 37°, x の三角形

(2) 43°, 72°, x の三角形

解くための材料

暗記　三角形の内角の和は180°
三角形の外角は、それととなり
合わない2つの内角の和に等しい。

$a + b$

解き方

(1) $\angle x + 58° + 37° = 180°$　← 三角形の内角の和は180°

これより、
$\angle x = 180° - (58° + 37°) = \mathbf{85°}$

(2) $\angle x + 43° = 72°$　← 三角形の外角は、それととなり合わない 2つの内角の和に等しい

これより、
$\angle x = 72° - 43° = \mathbf{29°}$

▼内角とは？　外角とは？

右の図の△ABCで、
3つの角∠A、∠B、∠Cを 内角 といいます。
また、∠ACDや∠BCEを、頂点Cにおける 外角 と
いいます。

角

26 三角形の角の性質を使って

中2

問題 レベル ★★☆

右の図で，∠x の大きさを求めなさい。

解くための材料

右の図のような補助線をひいて，三角形の内角と外角の関係を利用する。

解き方

手順1 直線 BD をひき，D のほうの延長を E とします。

手順2 △ABD で，内角と外角の関係より，
∠ADE＝∠a＋30°

手順3 △DBC で，同じようにして，
∠CDE＝∠b＋35°

手順4 ∠a＋∠b＝45°だから，
∠x＝∠ADE＋∠CDE＝∠a＋30°＋∠b＋35°
＝30°＋45°＋35°＝**110°**
　　　　∠A＋∠B＋∠C

▼別の補助線のひき方

直線 AD をひき，辺 BC との交点を F とします。
△ABF で，内角と外角の関係より，∠AFC＝30°＋45°＝75°
△DFC で，同じようにして，∠ADC＝75°＋35°＝110°

27 多角形の内角と外角 　中2

問題　レベル ★★☆

次の図で、∠x の大きさを求めなさい。

(1) 五角形に 100°、95°、x、120°、110°

(2) 四角形の外角 70°、95°、60°、85°、x

解くための材料

- n 角形の内角の和 → $180° \times (n-2)$
- n 角形の外角の和 → $360°$

解き方

(1) 五角形の内角の和は，

$$180° \times (5-2) = 540°$$ ← n 角形の内角の和 → $180° \times (n-2)$

これより，540°から4つの内角の和をひきます。

$$\angle x = 540° - (100° + 95° + 120° + 110°) = \mathbf{115°}$$

(2) 多角形の外角の和は360°だから，360°から4つの外角の和をひきます。

$$\angle x = 360° - (70° + 85° + 60° + 95°) = \mathbf{50°}$$

▼多角形の内角の和の公式の導き方

五角形は，2本の対角線によって3つの三角形に分けられます。つまり，五角形の内角の和は，180°×3 で求められます。
このように，n 角形の内角の和は，多角形を対角線で $(n-2)$ 個の三角形に分けることで求められます。

角

28 正多角形の角

中2

問題　レベル ★★☆

(1) 正六角形の1つの内角の大きさを求めなさい。

(2) 正八角形の1つの外角の大きさを求めなさい。

解くための材料

正n角形の1つの内角の大きさ → $180° \times (n-2) \div n$
　　　　　　　　　　　　　　　　　内角の和

正n角形の1つの外角の大きさ → $360° \div n$
　　　　　　　　　　　　　　　　外角の和

解き方

(1) 六角形の内角の和は，

$$180° \times (6-2) = 720°$$

正多角形の内角はすべて等しいから，

1つの内角は，

$$720° \div 6 = \mathbf{120°}$$

(2) 多角形の外角の和は360°

正多角形の外角はすべて等しいから，

1つの外角は，

$$360° \div 8 = \mathbf{45°}$$

三角形

29 合同な図形の性質

中2

問題 レベル ★★★

右の図で，
四角形ABCD≡四角形FGHE
のとき，次の問いに答えなさい。

(1) 辺GHの長さを求めなさい。
(2) ∠Cの大きさを求めなさい。

解くための材料

合同な図形では，対応する線分の長さや角の大きさは等しい。

解き方

(1) 点Gと対応する点は点B
点Hと対応する点は点C
これより，辺GHと対応する辺は辺BC
対応する辺の長さは等しいから，GH=**9cm**

(2) 点Cと対応する点は点H
これより，∠Cと対応する角は∠H
対応する角の大きさは等しいから，∠C=**80°**

三角形

30 合同になるための条件

中2

問題　レベル ★★☆

右の図で，
BC＝EF，
∠B＝∠E
です。これにどのような条件を1つ加えれば，
△ABC≡△DEFになりますか。

> **解くための材料**
>
> 暗記　三角形の合同条件
> ❶ 3組の辺がそれぞれ等しい。
> ❷ 2組の辺とその間の角がそれぞれ等しい。
> ❸ 1組の辺とその両端の角がそれぞれ等しい。

解き方

AB＝DE をつけ加えると，「2組の辺とその間の角がそれぞれ等しい」が成り立ち，△ABC≡△DEF となります。

∠C＝∠F をつけ加えると，「1組の辺とその両端の角がそれぞれ等しい」が成り立ち，△ABC≡△DEF となります。

∠A＝∠D をつけ加えると，三角形の内角の和は180°より，
　↑この条件は見落としがちなので注意！

∠C＝∠F が成り立ちます。

これより，合同条件❸から，△ABC≡△DEF となります。

答 AB＝DE または ∠C＝∠F または ∠A＝∠D

三角形

31 三角形の合同の証明①

中2

問題 レベル ★★☆

右の図で、
AB∥CD，AO=DOです。
△AOB≡△DOCである
ことを証明しなさい。

解くための材料

「対頂角は等しい」，「平行線の錯角は等しい」を利用する。

解き方 証明

△AOBと△DOCにおいて，
仮定より，
　AO=DO　……①
対頂角は等しいから，
　∠AOB=∠DOC　……②
AB∥CDで，錯角は等しいから，
　∠BAO=∠CDO　……③
①，②，③より，1組の辺とその両端の角がそれぞれ等しいので，
　△AOB≡△DOC

↑ 三角形の合同条件

等しい辺や，等しい角に同じ印をつけて表すとわかりやすい

三角形の合同条件は P199

▼仮定とは？　結論とは？

「○○○ならば□□□」で，○○○の部分を仮定，□□□の部分を結論といいます。
上のことがらては，仮定はAB∥CD，AO=DO，結論は△AOB≡△DOCになります。

三角形

32 三角形の合同の証明②

中2

問題　レベル ★★★

右の図で，四角形ABCD，四角形ECFGは正方形で，点Cで重なっています。BE=DFであることを証明しなさい。

解くための材料

辺BEと辺DFをふくむ2つの三角形△BCEと△DCFが合同であることを証明する。

解き方　証明

△BCEと△DCFにおいて，
　↳ 辺BE，辺DFをふくむ2つの三角形に着目

四角形ABCDは正方形だから，
　BC=DC　……①

四角形ECFGも正方形だから，
　EC=FC　……②

また，正方形の内角はすべて90°だから，
　∠BCE=∠BCD－∠ECD=90°－∠ECD　……③
　∠DCF=∠ECF－∠ECD=90°－∠ECD　……④

③，④より，∠BCE=∠DCF　……⑤

①，②，⑤より，2組の辺とその間の角がそれぞれ等しいので，
　△BCE≡△DCF
　　　　　　　↳ 三角形の合同条件

したがって，BE=DF

三角形の合同条件は **P199**

三角形

33 二等辺三角形の角　　中2

問題　レベル ★☆☆

次の図で，∠xの大きさを求めなさい。

(1)　AB＝AC　　　　　(2)　AC＝BC

解くための材料

暗記　二等辺三角形の2つの底角は等しい。

解き方

(1) 三角形の内角の和は180°だから，
　　∠B＋∠C＝180°－104°＝76°
　AB＝AC より，∠B＝∠C だから，
　　↑ 二等辺三角形の2つの底角は等しい
　　∠x＝76°÷2＝**38°**

(2) AC＝BC だから，
　　∠B＝∠A＝74°
　三角形の内角の和は180°だから，
　　∠x＝180°－74°×2＝**32°**
　　　　　　　↑ 2つの底角の和

三角形

34 二等辺三角形の角を使って

中2

問題

レベル ★★★

右の図の△ABCで、
BD=DE=AE=AC、
∠B=24°です。
∠Cの大きさを求めなさい。

解くための材料

△DBE、△EAD、△AECはどれも二等辺三角形である。

解き方

手順1

△DBEはDB=DEの二等辺三角形だから、
　∠B=∠DEB=24°
△DBEで、内角と外角の関係より、
　∠ADE=24°+24°=48° ← ∠ADE=∠DBE+∠DEB

手順2

△EADで、DE=AEだから、
　∠ADE=∠DAE=48°
　∠AEC=24°+48°
　　　　=72°

手順3

△AECで、AE=ACだから、
　∠C=∠AEC=**72°**

三角形

35 二等辺三角形の性質を使った証明 　中2

問題　　　　　　　　　　　　　　　　レベル ★★☆

右の図の△ABCはAB=AC
の二等辺三角形です。
BD=CEのとき，DC=EBで
あることを証明しなさい。

解くための材料

2つの底角は等しい → △DBC≡△ECB → DC=EB の順に考える。

解き方 証明

△DBCと△ECBにおいて，
　↑ 辺DC，辺EBをふくむ2つの三角形に着目

仮定より，
　　BD=CE　　……①
共通な辺だから，
　　BC=CB　　……②
AB=ACだから，
　　∠DBC=∠ECB　……③ ← 二等辺三角形の底角は等しい

①，②，③より，**2組の辺とその間の角がそれぞれ等しいので，**
　　　　　　　　　　　　　↑ 三角形の合同条件

　　△DBC≡△ECB
したがって，DC=EB ← 合同な図形の対応する辺の長さは等しい

三角形の合同条件は **P199**

三角形

36 二等辺三角形であることの証明 　中2

問題　レベル ★★★

右の図の△ABCで、ADは∠BACの二等分線、AD∥ECです。AC=AEであることを証明しなさい。

解くための材料

暗記　2つの角が等しい
→ その2つの角を底角とする**二等辺三角形である。**

解き方　証明

AD∥EC で、同位角は等しいから、
　∠BAD＝∠AEC　……①
また、錯角は等しいから、
　∠CAD＝∠ACE　……②
AD は∠BAC の二等分線だから、
　∠BAD＝∠CAD　……③
①、②、③より、
　∠AEC＝∠ACE
これより、**2つの角が等しいので、**△ACE は二等辺三角形である。
したがって、AC＝AE

同位角と錯角は　P192

三角形

37 直角三角形の合同の証明①　中2

問題　レベル ★★☆

右の図の△ABCで，頂点B，Cから辺AC，ABに垂線BD，CEをひきます。BD=CEのとき，△ABCは二等辺三角形であることを証明しなさい。

解くための材料

暗記　直角三角形の合同条件
① 斜辺と他の1辺がそれぞれ等しい。

解き方　証明

手順1
△EBCと△DCBにおいて，
仮定より，
　∠BEC=∠CDB=90°　……①
　CE=BD　……②
共通な辺だから，
　BC=CB　……③
①，②，③より，直角三角形の斜辺と他の1辺がそれぞれ等しいから，△EBC≡△DCB　← 直角三角形の合同条件

手順2
よって，∠EBC=∠DCB ← 対応する角の大きさは等しい
したがって，△ABCは∠ABC，∠ACBを底角とする二等辺三角形である。

三角形

38 直角三角形の合同の証明②

中2

問題　レベル ★★★

右の図の正方形ABCDで，辺CD上に点Eをとり，頂点A，CからBEにひいた垂線とBEとの交点をF，Gとします。
△ABF≡△BCGであることを証明しなさい。

解くための材料

暗記　直角三角形の合同条件
❷ 斜辺と1つの鋭角がそれぞれ等しい。

解き方　証明

△ABFと△BCGにおいて，
仮定より，
　∠AFB=∠BGC=90°　……①
四角形ABCDは正方形だから，
　AB=BC　……②
正方形の1つの内角は90°だから，
　∠ABF=90°−∠GBC　……③ ← ∠ABC−∠GBC
△BCGで，三角形の内角の和は180°だから，
　∠BCG=180°−90°−∠GBC=90°−∠GBC　……④
③，④より，∠ABF=∠BCG　……⑤
①，②，⑤より，直角三角形の斜辺と1つの鋭角がそれぞれ等しいから，△ABF≡△BCG

↑ 直角三角形の合同条件

四角形

39 平行四辺形の角　中2

問題　レベル★★☆

右の図の平行四辺形ABCDで，CD=CE，∠A=125°です。
∠x，∠yの大きさを求めなさい。

解くための材料

暗記 平行四辺形の2組の対角はそれぞれ等しい。

解き方

AD//BC で，同位角は等しいから，
　　↑ 平行四辺形の対辺は平行

　∠CBF=∠A=125°

これより，

　∠x=180°−125°=**55°**

　∠A+∠ABC=∠CBF+∠ABC=180°

▼となり合う角の和は180°
　和は180°

平行四辺形の対角は等しいから，

　∠D=∠ABC=55°

CD=CE だから，　← △CDEは二等辺三角形

　∠CED=∠D=55°

三角形の内角の和は180°だから，

　∠y=180°−55°×2=**70°**

四角形

40 平行四辺形の性質を使った証明①　中2

問題　レベル ★★★

右の図の平行四辺形ABCDで，BE=DFのとき，AE=CFであることを証明しなさい。

解くための材料

暗記　平行四辺形の2組の対辺はそれぞれ等しい。

解き方　証明

△ABEと△CDFにおいて，
　↑ 辺AE，辺CFをふくむ2つの三角形に着目

仮定より，
　BE=DF　……①

平行四辺形の対辺は等しいから，
　AB=CD　……②

AB//DCで，錯角は等しいから，
　↑ 平行四辺形の対辺は平行

　∠ABE=∠CDF　……③

①，②，③より，**2組の辺とその間の角がそれぞれ等しいから**，
　△ABE≡△CDF
　　　　　↑ 三角形の合同条件

したがって，AE=CF ← 対応する辺の長さは等しい

三角形の合同条件は　P199

四角形

41 平行四辺形の性質を使った証明②　中2

問題　レベル★★☆

右の図の平行四辺形ABCDで，AP=CQであることを証明しなさい。

解くための材料

暗記　平行四辺形の対角線は
それぞれの中点で交わる。

解き方　証明

△AOPと△COQにおいて，
　└ 辺AP，辺CQをふくむ2つの三角形に着目

平行四辺形の対角線はそれぞれの中点で交わるから，

　　AO=CO　　……①

対頂角は等しいから，

　　∠AOP=∠COQ　……②

AD∥BCで，錯角は等しいから，
　└ 平行四辺形の対辺は平行

　　∠PAO=∠QCO　……③

①，②，③より，**1組の辺とその両端の角がそれぞれ等しい**から，

　　△AOP≡△COQ
　　　　　　　　└ 三角形の合同条件

したがって，AP=CQ

錯角はよく使うよ。

三角形の合同条件は **P199**

四角形

42 平行四辺形であることの証明

中2

問題　レベル ★★★

右の図の四角形ABCDで，AB∥DC，点Eは辺ADの中点です。ABとCEの交点をFとするとき，四角形ACDFは平行四辺形であることを証明しなさい。

解くための材料

暗記　対角線がそれぞれの中点で交われば，平行四辺形である。

解き方　証明

△AEFと△DECにおいて，

仮定より，AE＝DE　……①

対頂角は等しいから，

　∠AEF＝∠DEC　……②

FB∥DCで，錯角は等しいから，

　∠FAE＝∠CDE　……③

①，②，③より，1組の辺とその両端の角がそれぞれ等しいから，

　△AEF≡△DEC

したがって，FE＝CE　……④

①，④より，**対角線がそれぞれの中点で交わるから**，四角形ACDFは平行四辺形である。

▼別の条件を使った証明
したがって，**AF＝DC**　……⑤
仮定より，**FA∥DC**　……⑥
⑤，⑥より，1組の対辺が平行で長さが等しいから，四角形ACDFは平行四辺形である。

四角形

43 平行線と面積

中2

問題 レベル ★★☆

右の図の四角形ABCDは平行四辺形です。
△DEC＝△BFEであることを証明しなさい。

解くための材料

PQ∥ABならば，△PAB＝△QAB

解き方　証明

対角線ACをひきます。
AD∥BCだから，← 平行四辺形の対辺は平行
　△DEC＝△AEC　……①
AB∥DFだから，
　△AFC＝△BFC　……②
また，
　△AEC＝△AFC－△EFC　……③
　△BFE＝△BFC－△EFC　……④
②，③，④より，
　△AEC＝△BFE　……⑤
①，⑤より，△DEC＝△BFE

▼三角形の面積の表し方

記号△PABで，△PABの面積を表すことがあります。
また，△PABと△QABの面積が等しいことを △PAB＝△QAB と表します。

四角形

44 面積を2等分する直線　中2

問題　レベル★★★

右の図の△ABCで、辺BC上の点Pを通り、△ABCの面積を2等分する直線のかき方を説明しなさい。

解くための材料

AP∥QM（点Mは辺BCの中点）
→ △APQ＝△APM
→ 四角形ABPQ＝△ABM

解き方　説明

上の図から、四角形 **ABPQ** の面積は△ABC の面積の半分であることがわかります。つまり、△ABC の面積を2等分する直線は、直線 PQ になります。

次の❶～❹の手順でかきます。
❶ 点 A と P を結びます。
❷ 辺 BC の中点を M とします。
❸ 点 M を通り、直線 AP に平行な直線をひき、辺 AC との交点を Q とします。
❹ 直線 PQ をひきます。

相似な図形

45 相似な図形の辺

中3

問題　レベル ★☆☆

次の図で，△ABC∽△DEFです。辺EF，辺ACの長さを求めなさい。

（図：△ABC　AB=4cm，BC=8cm／△DEF　DE=6cm，DF=9cm）

解くための材料

相似な図形では，対応する線分の長さの比はすべて等しい。

解き方

手順1　辺 AB に対応する辺は辺 DE です。

相似比は，AB：DE＝4：6＝2：3
　↑対応する線分の長さの比

手順2　対応する線分の長さの比はすべて等しいから，

BC：EF＝AB：DE

8：EF＝2：3

8×3＝EF×2　← $a:b=c:d$ ならば $ad=bc$

EF＝12(cm)

AC：DF＝2：3

AC：9＝2：3

AC×3＝9×2　← $a:b=c:d$ ならば $ad=bc$

AC＝6(cm)

相似な図形では，対応する角の大きさはそれぞれ等しいよ。

比例式の解き方は **P107**

相似な図形

46 三角形の相似

中3

問題 レベル ★★☆

次の図で，相似な三角形を記号∽を使って表しなさい。

(1) A, 6cm, B, 3cm, D, 9cm, C

(2) A, 8cm, D, 15cm, 12cm, 10cm, B, 18cm, C

解くための材料

暗記 三角形の相似条件

❶ 3組の辺の比がすべて等しい。
❷ 2組の辺の比とその間の角がそれぞれ等しい。
❸ 2組の角がそれぞれ等しい。

解き方

(1) △ABCと△DBAにおいて，

∠Bは共通
AB：DB＝6：3＝2：1
BC：BA＝12：6＝2：1

― 三角形の相似条件

2組の辺の比とその間の角がそれぞれ等しいから，

△**ABC**∽△**DBA**

(2) △ABCと△DCAにおいて，

AB：DC＝15：10＝3：2
BC：CA＝18：12＝3：2
AC：DA＝12：8＝3：2

― 三角形の相似条件

3組の辺の比がすべて等しいから，△**ABC**∽△**DCA**

くらべてみよう
三角形の合同条件 **P199**

相似な図形

47 三角形の相似の証明

中3

問題

レベル ★★☆

右の図の△ABCは，AB＝ACの二等辺三角形です。
∠ABC＝∠ADEのとき，△ABD∽△DCEであることを証明しなさい。

解くための材料

もっともよく使われる相似条件は「2組の角がそれぞれ等しい」。

解き方 証明

△ABDと△DCEにおいて，
二等辺三角形の2つの底角は等しいから，
　　∠ABD＝∠DCE　……①
△ABDで，三角形の内角の和は180°だから，
　　∠BAD＝180°－(∠ABD＋∠BDA)　……②
また，
　　∠CDE＝180°－(∠ADE＋∠BDA)　……③
仮定より，∠ABD＝∠ADE　……④
②，③，④より，∠BAD＝∠CDE　……⑤
①，⑤より，<u>2組の角がそれぞれ等しいから</u>，
　　△ABD∽△DCE　　　← 三角形の相似条件

三角形の相似条件は **P215**

相似な図形

48 平行線と線分の比の定理

中3

問題   レベル ★★☆

右の図で，$\ell \mathbin{/\mkern-3mu/} m \mathbin{/\mkern-3mu/} n$ のとき，x の値を求めなさい。

解くための材料

暗記 $\ell \mathbin{/\mkern-3mu/} m \mathbin{/\mkern-3mu/} n$ ならば，
AB：BC＝DE：EF
AB：AC＝DE：DF

解き方

平行線と線分の比の定理より，

$6:9=x:12$ ← AB：BC＝DE：EF

$6\times 12=9\times x$ ← $a:b=c:d$ ならば $ad=bc$

$x=8$

こんなときは

問題 右の図で，$\ell \mathbin{/\mkern-3mu/} m \mathbin{/\mkern-3mu/} n$ のとき，x の値を求めなさい。

解き方

右の図のような場合でも，平行線と線分の比の定理が使えます。

$8:14=12:x$, $8\times x=14\times 12$, $x=21$

相似な図形

49 三角形と比の定理

中3

問題　レベル ★★☆

右の図の△ABCで、DE∥BCです。x, yの値を求めなさい。

解くための材料

暗記 DE∥BC ならば、
AD：AB＝AE：AC＝DE：BC

解き方

DE∥BC だから、

$10 : 15 = x : 12$　← AD：AB＝AE：AC

$10 \times 12 = 15 \times x$　← $a:b=c:d$ ならば $ad=bc$

$x = 8$

$10 : 15 = 12 : y$　← AD：AB＝DE：BC

$10 \times y = 15 \times 12$

$y = 18$

▼定理とは？

証明されたことがらのうち、それを根拠として他の証明によく使われるものを 定理 といいます。

もう1つの三角形と比の定理

DE∥BC ならば、

AD：DB＝AE：EC

も成り立ちます。

相似な図形

50 角の二等分線と比

中3

問題　レベル ★★★

右の図の△ABCで、ADは∠BACの二等分線です。線分BDの長さを求めなさい。

解くための材料

暗記　∠BAD＝∠CAD ならば、
AB：AC＝BD：DC

解き方

手順① BD：DCを求める

△ABC で、∠BAD＝∠CAD だから、
　AB：AC＝BD：DC
これより、
　BD：DC＝15：9＝5：3

手順② 線分BDの長さを求める

BD：BC＝5：(5＋3)＝5：8
BD：16＝5：8　　　$a:b=c:d$ ならば $ad=bc$
BD×8＝16×5
BD＝10 (cm)

わかった？

右の図で、AC＝AE
AD∥ECだから、BA：AE＝BD：DC
したがって、AB：AC＝BD：DC

AC＝AEになることの証明は **P205**

219

相似な図形

51 中点連結定理

中3

問題　レベル ★★★

右の図の△ABCで、点Dは辺ABの中点、点E、Fは辺ACを3等分する点です。線分BGの長さを求めなさい。

解くための材料

🍎 **中点連結定理**

辺AB、ACの中点をM、Nとすると、

MN∥BC、MN=$\frac{1}{2}$BC

解き方

手順1 △ABFで、中点連結定理より、

点Dは辺ABの中点、点Eは辺AFの中点

$DE=\frac{1}{2}BF$

これより、

BF=2DE=2×6=12(cm)

手順2 DE∥GF、EF=FC より、

DG=GC　← EF:FC=DG:GC

△CEDで、中点連結定理より、

点Fは辺CEの中点、点Gは辺CDの中点

$GF=\frac{1}{2}DE=\frac{1}{2}×6=3(cm)$

手順3 以上から、BG=BF-GF=12-3=**9(cm)**

相似な図形

52 中点連結定理を使った証明

中3

問題

レベル ★★★

右の図の四角形ABCDで，辺AB，BC，CD，DAの中点をP，Q，R，Sとします。四角形PQRSは平行四辺形になることを証明しなさい。

解くための材料

対角線ACをひいて，△BCA，△ACDで中点連結定理を利用する。

解き方　証明

対角線ACをひきます。

△BCAで，中点連結定理より，
点Pは辺ABの中点，点Qは辺BCの中点

$$PQ // AC, \quad PQ = \frac{1}{2}AC$$

△DACで，中点連結定理より，
点Sは辺ADの中点，点Rは辺DCの中点

$$SR // AC, \quad SR = \frac{1}{2}AC$$

したがって，PQ//SR，PQ=SR

1組の対辺が平行でその長さが等しいから，四角形PQRSは平行四辺形である。　← 平行四辺形になるための条件

平行四辺形であることの証明は P211

相似な図形

53 相似な図形の面積の比

中3

問題　レベル ★★☆

右の図の△ABCで，DE∥BCです。△ABCの面積が54cm²のとき，台形DBCEの面積を求めなさい。

8cm、4cm

解くための材料

暗記 相似比が $m:n$ ならば，面積の比は $m^2:n^2$

解き方

△ADE∽△ABC です。← ∠Aは共通
　DE∥BCで，同位角は等しいから，
　∠ADE=∠ABC
　2組の角がそれぞれ等しい

△ADEと△ABCの相似比は，
　AD：AB＝8：(8＋4)＝8：12＝**2：3**

相似な図形の面積の比は，**相似比の2乗**に等しいから，
　△ADE：△ABC＝$2^2:3^2$＝**4：9**
　　△ADE：54＝4：9
　　△ADE×9＝54×4　← $a:b=c:d$ ならば $ad=bc$
　　△ADE＝24(cm²)

これより，
　台形DBCE＝△ABC－△ADE＝54－24＝**30(cm²)**

三角形の相似条件は **P215**

相似な図形

54 相似な立体の体積の比

中3

問題　レベル ★★★

右の図は，正四面体A, Bの展開図です。A, Bの展開図の面積がそれぞれ 15cm², 60cm²のとき，正四面体Bの体積は，Aの体積の何倍ですか。

解くための材料

相似比が $m:n$ ならば，
$$\begin{cases} 表面積の比は\ m^2:n^2 \\ 体積の比は\quad m^3:n^3 \end{cases}$$

解き方

手順❶ 2つの立体の相似比を求める

正四面体 A と B は相似な立体です。← 正多面体は相似な立体

展開図の面積は，表面積と等しいから，

（正四面体 A の表面積）：（正四面体 B の表面積）
$=15:60=1:4=1^2:2^2$ ← 表面積の比は相似比の2乗

これより，正四面体 A と B の相似比は，**1：2**

手順❷ 2つの立体の体積の比を求める

相似な立体の**体積の比**は，**相似比の3乗**に等しいから，

（正四面体 A の体積）：（正四面体 B の体積）
$=1^3:2^3=$ **1：8**

つまり，正四面体 B の体積は A の体積の **8倍**。

円

55 円周角の定理

中3

問題 レベル ★★☆

次の図で、∠x の大きさを求めなさい。

(1) (2)

解くための材料

暗記 円周角の定理 $\angle P = \angle Q = \dfrac{1}{2} \angle AOB$

解き方

(1) OA＝OBだから、　← OA、OBは円Oの半径

$\angle OAB = \angle OBA = 35°$ ← △OABは二等辺三角形

三角形の内角の和は180°だから、

$\angle AOB = 180° - 35° \times 2 = 110°$

$\overparen{AB}$ に対する中心角と円周角の関係から、

$\angle x = \dfrac{1}{2} \angle AOB = \dfrac{1}{2} \times 110° = \mathbf{55°}$

(2) $\overparen{AB}$ に対する円周角の関係から、

$\angle ACB = \angle ADB = 30°$

三角形の内角と外角の関係から、

$\angle x = 30° + 65° = \mathbf{95°}$

三角形の内角と外角は P194

円

56 半円の弧に対する円周角

中3

問題

レベル ★★☆

右の図で，AB＝ACです。
∠xの大きさを求めなさい。

解くための材料

暗記 ∠P＝$\frac{1}{2}$∠AOB＝90°

解き方

手順1
半円の弧に対する円周角は90°だから，
∠BAC＝90°

手順2
AB＝AC より，∠ABC＝∠ACB
↑ △ABCは直角二等辺三角形

また，三角形の内角の和は180°だから，
∠ABC＝(180°−90°)÷2＝45°

手順3
$\stackrel{\frown}{AC}$ に対する円周角の関係から，
∠x＝∠ABC＝**45°**
↑ 円周角の定理

円

57 円周角と弧

中3

問題 レベル ★★★

右の図で，
$\overset{\frown}{AB}=\overset{\frown}{AE}$，$\overset{\frown}{BC}=\overset{\frown}{CD}=\overset{\frown}{DE}$
です。∠AEBの大きさを
求めなさい。

解くための材料

暗記 円周角と弧の定理
1つの円で，
① 等しい円周角に対する弧は等しい。
② 等しい弧に対する円周角は等しい。

解き方

手順1 $\overset{\frown}{BC}=\overset{\frown}{CD}=\overset{\frown}{DE}$ だから，
↓ 等しい弧に対する円周角は等しい
∠BAC＝∠CAD＝∠DAE＝34°
これより，∠BAE＝34°×3＝102°

手順2 三角形の内角の和は180°だから，
∠ABE＋∠AEB＝180°－102°＝78°
$\overset{\frown}{AB}=\overset{\frown}{AE}$ だから，
∠AEB＝∠ABE ← 等しい弧に対する
　　　　　　　　円周角は等しい
以上から，
∠AEB＝78°÷2＝**39°**

226

円

58 円周角の定理の逆

中3

問題
レベル ★★☆

右の図で，∠x，∠yの大きさを求めなさい。

解くための材料

暗記 円周角の定理の逆
∠APB＝∠AQB ならば，
4点A，B，P，Qは1つの円周上にある。

解き方

2点A，Dは直線BCについて同じ側にあって，∠BAC＝∠BDC（＝50°）だから，4点A，B，C，Dは1つの円周上にあります。

$\overparen{CD}$ に対する円周角の関係から，
　∠x＝∠DAC＝**32°** ← 円周角の定理

∠ABC＝75°だから，
　∠ABD＝75°－32°＝43°
$\overparen{AD}$ に対する円周角の関係から，
　∠y＝∠ABD＝**43°** ← 円周角の定理

円周角の定理は P224

円

59 接線と半径がつくる角

中3

問題　レベル ★★☆

右の図で，PA，PBはそれぞれ点A，Bを接点とする円Oの接線です。∠ACBの大きさを求めなさい。

解くための材料

暗記　円の接線は，接点を通る半径に垂直である。

解き方

手順1　点OとA，Bをそれぞれ結びます。
円の接線は，接点を通る半径に垂直だから，
　　∠PAO＝∠PBO＝90°
四角形の内角の和は360°だから，
　　∠AOB＝360°－(50°＋90°＋90°)＝130°

手順2　$\stackrel{\frown}{AB}$ に対する円周角と中心角の関係から，
$$\angle ACB = \frac{1}{2}\angle AOB$$
$$= \frac{1}{2} \times 130°$$
$$= 65°$$

円

60 円の接線の作図

中3

問題

レベル ★★☆

右の図で，点Pを通る円Oの接線を作図しなさい。

解くための材料

半円の弧に対する円周角は90°であることを利用する。

解き方 作図

円Oの接線をPAとすると，
$\angle PAO = 90°$ ←── 円の接線は，接点を通る半径に垂直

つまり，線分POを直径とする円Mを作図して，円Mと円Oとの交点をAとすれば，$\angle PAO = 90°$ となります。

半円の弧に対する円周角は P225

❶ 2点P，Oを結びます。

❷ 線分POの垂直二等分線をひき，POとの交点をMとします。
  ↑ 線分POの中点Mの作図　中点の作図 P170

❸ 点Mを中心として半径MPの円をかき，円Oとの交点をA，Bとします。

❹ 直線PA，PBをひきます。

▼円の接線の長さ

線分PA，PBの長さを，点Pから円Oにひいた接線の長さといいます。2つの接線PA，PBの長さは等しくなります。

229

61 円と三角形の合同

中3

問題

レベル ★★★

右の図の△ABCで、∠ABC=∠ACBです。∠BAC=∠DAEのとき、△ABD≡△ACEであることを証明しなさい。

解くための材料

「1つの弧に対する円周角の大きさは一定」を利用する。

解き方　証明

△ABDと△ACEにおいて、

∠ABC=∠ACB だから、← △ABCは二等辺三角形

　AB=AC　　……①

$\stackrel{\frown}{AD}$ に対する円周角の関係から、

　∠ABD=∠ACE　　……②
　　↑ 1つの弧に対する円周角の大きさは等しい

また、

　∠BAD=∠BAC+∠CAD　……③

　∠CAE=∠DAE+∠CAD　……④

仮定より、∠BAC=∠DAE　……⑤

③、④、⑤より、

　∠BAD=∠CAE　　……⑥

①、②、⑥より、1組の辺とその両端の角がそれぞれ等しいから、

　△ABD≡△ACE

三角形の合同条件は **P199**

62 円と三角形の相似 　中3

問題　レベル ★★☆

右の図で，$\overset{\frown}{AD}=\overset{\frown}{DC}$ です。
△ABE∽△DBC であること
を証明しなさい。

🍳 解くための材料

「等しい弧に対する円周角は等しい」
「1つの弧に対する円周角の大きさは一定」を利用する。

解き方　証明

△ABE と△DBC において，
$\overset{\frown}{AD}=\overset{\frown}{DC}$ だから，

　∠ABE＝∠DBC　……①
　　↑ 等しい弧に対する円周角は等しい

$\overset{\frown}{BC}$ に対する円周角の関係から，

　∠BAE＝∠BDC　……②
　　↑ 1つの弧に対する円周角は等しい

①，②より，2組の角がそれぞれ等しいから，
　△ABE∽△DBC

円を使った証明問題では，
円周角の定理や円の性質を
利用して，等しい角を見つけ
ることがポイントだよ。

図をよくみてね！

三角形の相似条件は ▶P215

63 三平方の定理

中3

問題 レベル ★★☆

右の図で、x の値を求めなさい。

解くための材料

暗記 三平方の定理　$a^2+b^2=c^2$
　　　　　　　　　　　　　　　↑
　　　　　　　　　　　　　　　斜辺

解き方

手順1　△ABC で、三平方の定理より、
（ピタゴラスの定理ともいう）

$AC^2 = 6^2+8^2$ ← $AC^2=AB^2+BC^2$

$=36+64$

$=100$

AC>0 だから、← 辺の長さは正の数

$AC=\sqrt{100}=10$(cm)

手順2　△ACD で、三平方の定理より、

$AD^2=10^2-5^2$ ← $AD^2=AC^2-CD^2$

$=100-25$

$=75$

AD>0 だから、

$AD=\sqrt{75}=5\sqrt{3}$ (cm)

すなわち、$x=5\sqrt{3}$

三平方の定理

64 三平方の定理の逆

中3

問題　レベル ★★☆

次の長さをそれぞれ3辺とする三角形で，直角三角形はどれですか。

㋐　4cm，6cm，8cm
㋑　5cm，12cm，13cm
㋒　3cm，$\sqrt{3}$ cm，$2\sqrt{3}$ cm

解くための材料

暗記 三平方の定理の逆
△ABCで，$a^2+b^2=c^2$ ならば，∠C=90°

解き方

㋐ $a=4$，$b=6$，$c=8$ とすると，← いちばん長い辺を斜辺とする
　$a^2+b^2=4^2+6^2=16+36=52$
　$c^2=8^2=64$
　$a^2+b^2 \neq c^2$ だから，直角三角形ではない。

▼3辺の比が自然数になる直角三角形

㋑ $a=5$，$b=12$，$c=13$ とすると，
　$a^2+b^2=5^2+12^2=25+144=169$
　$c^2=13^2=169$
　$a^2+b^2=c^2$ だから，直角三角形である。

㋒ $a=3$，$b=\sqrt{3}$，$c=2\sqrt{3}$ とすると，
　↑ $3=\sqrt{9}$，$2\sqrt{3}=\sqrt{12}$ より，$3<2\sqrt{3}$
　$a^2+b^2=3^2+(\sqrt{3})^2=9+3=12$
　$c^2=(2\sqrt{3})^2=12$
　$a^2+b^2=c^2$ だから，直角三角形である。

平方根の大小は **P85**

答 ㋑，㋒

三平方の定理

65 長方形の対角線の長さ

中3

問題

レベル ★☆☆

右の図の長方形の対角線の長さを求めなさい。

4cm
8cm

解くための材料

長方形の対角線 　$\ell = \sqrt{a^2 + b^2}$

解き方

△ABC は直角三角形だから，
$AC^2 = 4^2 + 8^2$ ← $AC^2 = AB^2 + BC^2$
　　　$= 16 + 64$
　　　$= 80$
AC > 0 だから，AC $= \sqrt{80} = 4\sqrt{5}$ (cm)

こんなときは　正方形の対角線の長さ

問題 1辺が 3cm の正方形の対角線の長さを求めなさい。

解き方

△ABC は直角三角形だから，
$AC^2 = 3^2 + 3^2 = 9 + 9 = 18$ ← $AC^2 = AB^2 + BC^2$
AC > 0 だから，
　AC $= \sqrt{18} = 3\sqrt{2}$ (cm)

三平方の定理

66 正三角形の高さと面積

中3

問題 レベル ★★☆

右の図の正三角形の高さと面積を求めなさい。（8cm）

解くための材料

正三角形の高さ $h = \sqrt{a^2 - \left(\dfrac{a}{2}\right)^2}$

解き方

△ABH で，三平方の定理を利用します。
点 H は辺 BC の中点だから，BH = 4cm
これより，

$AH^2 = 8^2 - 4^2$ ← $AH^2 = AB^2 - BH^2$
　　　$= 64 - 16$
　　　$= 48$

AH > 0 だから，$AH = \sqrt{48} = 4\sqrt{3}$ (cm)

面積は，$\dfrac{1}{2} \times \underset{\text{底辺}}{8} \times \underset{\text{高さ}}{4\sqrt{3}} = \mathbf{16\sqrt{3}}$ (cm²)

! 正三角形の高さと面積の公式

1辺が a の正三角形の高さ h と面積 S

$$h = \dfrac{\sqrt{3}}{2}a \qquad S = \dfrac{\sqrt{3}}{4}a^2$$

三平方の定理

67 特別な直角三角形の3辺の比

中3

問題

レベル ★★☆

右の図で, 辺BCの長さを求めなさい。

解くための材料

暗記 3辺の比 $1:1:\sqrt{2}$

3辺の比 $1:2:\sqrt{3}$

解き方

手順1 △ABDで, ← 3つの角が45°, 45°, 90°の直角二等辺三角形

$AB:BD = 1:\sqrt{2}$

より,

$BD = 3 \times \sqrt{2} = 3\sqrt{2}$ (cm)

手順2 △BCDで, ← 3つの角が30°, 60°, 90°の直角三角形

$BC:BD = 2:\sqrt{3}$
　　　↓ BD=3√2 cm

$BC : 3\sqrt{2} = 2 : \sqrt{3}$
$BC \times \sqrt{3} = 3\sqrt{2} \times 2$ ← $a:b=c:d$ ならば $ad=bc$

$BC = \dfrac{3\sqrt{2} \times 2}{\sqrt{3}} = \dfrac{6\sqrt{6}}{3} = 2\sqrt{6}$ (cm)

三平方の定理

68 円の弦の長さ

中3

問題　レベル ★★☆

右の図の円Oで，弦ABの長さを求めなさい。

10cm / 4cm

解くための材料

弦の長さ　$\ell = 2\sqrt{r^2 - d^2}$

解き方

手順1　点OとAを結び，△OAHをつくります。

OAは円Oの半径だから，
　OA＝10－4＝6(cm)

手順2　△OAHは直角三角形だから，
　$AH^2 = 6^2 - 4^2 = 36 - 16 = 20$
AH＞0だから，
　$AH = \sqrt{20} = 2\sqrt{5}$ (cm)

手順3　AH＝BH より，AB＝2AH だから，
　↑ 円の中心から弦にひいた垂線は，その弦を2等分する

　$AB = 2 \times 2\sqrt{5} = \mathbf{4\sqrt{5}}$ **(cm)**

三平方の定理

69 円の接線の長さ

中3

問題

レベル ★★☆

右の図の円Oは半径3cmです。点Oから9cmの距離にある点Aから，この円に接線APをひくとき，線分APの長さを求めなさい。

解くための材料

△APOは，∠APO＝90°の直角三角形である。

解き方

手順1 点OとA，Pをそれぞれ結ぶと，

　　AO＝9cm ← 点AとOの距離
　　PO＝3cm ← 円Oの半径

手順2 円の接線は，接点を通る半径に垂直だから，

　　∠APO＝90°

△AOPは直角三角形だから，

$$AP^2 = 9^2 - 3^2$$
$$= 81 - 9$$
$$= 72$$

AP＞0だから，

　　AP＝$\sqrt{72}$＝$6\sqrt{2}$ (cm)

接線と半径がつくる角は **P228**

三平方の定理

70 三平方の定理と方程式　中3

問題　レベル ★★★

右の図の△ABCで，線分AHの長さを求めなさい。

解くための材料

AH²を2通りの式で表す
$\begin{cases} AH^2 = AB^2 - BH^2 \\ AH^2 = AC^2 - HC^2 \end{cases}$

解き方

手順1　BH$=x$cm とすると，HC$=21-x$(cm)と表せます。
△ABH は直角三角形だから，
$AH^2 = 10^2 - x^2$

手順2　△AHC は直角三角形だから，
$AH^2 = 17^2 - (21-x)^2$

手順3　上の2つの式は，どちらも AH² を表しているから，
$10^2 - x^2 = 17^2 - (21-x)^2$
これを解くと，$x=6$

$100 - x^2 = 289 - (441 - 42x + x^2)$
$100 - x^2 = 289 - 441 + 42x - x^2$
$42x = 252$

手順4　これより，$AH^2 = 10^2 - 6^2 = 64$
AH>0 だから，AH$=\sqrt{64}=$**8(cm)**

三平方の定理

71 座標平面上の2点間の距離　中3

問題　レベル ★★☆

2点A(2, 3), B(8, 7)間の距離を求めなさい。

解くための材料

$AB^2 = AH^2 + BH^2$
　　　　↓　　　↓
　　$x_2 - x_1$　$y_2 - y_1$

解き方

下の図のように, 線分 **AB** を斜辺とする直角三角形 **ABH** をつくり, 三平方の定理を利用します。

$$AB^2 = AH^2 + BH^2$$
$$= (8-2)^2 + (7-3)^2$$
$$= 6^2 + 4^2$$
$$= 36 + 16$$
$$= 52$$

AB>0 だから,
$$AB = \sqrt{52} = 2\sqrt{13}$$

> x軸, y軸に平行な直線をひいて, 直角三角形をつくることがポイントだよ。

三平方の定理

72 直方体の対角線の長さ

中3

問題　レベル ★★☆

右の図の直方体の対角線の長さを求めなさい。

3cm / 2cm / 6cm

解くための材料

直方体の対角線　$\ell = \sqrt{a^2+b^2+c^2}$

解き方

$AG^2 = \underbrace{FG^2}_{縦} + \underbrace{EF^2}_{横} + \underbrace{CG^2}_{高さ}$

$= 2^2 + 6^2 + 3^2$

$= 4 + 36 + 9$

$= 49$

$AG > 0$ だから，

$AG = \sqrt{49} = \mathbf{7 (cm)}$

立方体の対角線の長さは，$\sqrt{(1辺)^2+(1辺)^2+(1辺)^2}$ で求められるよ。

長方形の対角線の長さは P234

! 公式を忘れたときは…

△EFG は直角三角形だから，
　$EG^2 = FG^2 + EF^2 = 2^2 + 6^2 = 4 + 36 = 40$
△AEG は直角三角形だから，
　$AG^2 = AE^2 + EG^2 = 3^2 + 40 = 9 + 40 = 49$
$AG > 0$ だから，$AG = \sqrt{49} = \mathbf{7 (cm)}$

三平方の定理

73 正四角錐への利用

中3

問題

レベル ★★☆

右の図の正四角錐の体積を求めなさい。

解くための材料

正四角錐の高さ $OH=\sqrt{OA^2-AH^2}$

解き方

手順1
ACは正方形の対角線だから,
$AC=6\times\sqrt{2}=6\sqrt{2}$ (cm)
点HはACの中点だから,
　↑ 点Hは正方形の対角線の交点
$AH=6\sqrt{2}\div2=3\sqrt{2}$ (cm)

手順2
△OAHは直角三角形だから,
$OH^2=9^2-(3\sqrt{2})^2=81-18=63$
$OH>0$ だから,
$OH=\sqrt{63}=3\sqrt{7}$ (cm)

手順3
角錐の体積$=\dfrac{1}{3}\times$底面積$\times$高さ だから,
$\dfrac{1}{3}\times6^2\times3\sqrt{7}=\mathbf{36\sqrt{7}}$ **(cm³)**

角錐の体積は ▶P189

242

三平方の定理

74 円錐への利用

中3

問題 レベル ★★★

右の図は円錐の展開図です。
この円錐の体積を求めなさい。

180°
3cm

解くための材料

円錐の高さ $h=\sqrt{\ell^2-r^2}$

解き方

手順1 円錐の母線の長さを求める

おうぎ形の半径を x cm とすると,

$$2\pi x \times \frac{180}{360} = 2\pi \times 3$$

おうぎ形の弧の長さ＝底面の円周の長さ

これを解くと, $x=6$ (cm)

x cm
180°
等しい
3cm

手順2 円錐の高さを求める

円錐は右の図のようになります。
△OAH は直角三角形だから,
　$OH^2 = 6^2 - 3^2 = 36 - 9 = 27$
OH＞0 だから,
　$OH = \sqrt{27} = 3\sqrt{3}$ (cm)

O
6cm
A　H
3cm

手順3 円錐の体積＝$\frac{1}{3}$×底面積×高さ だから,

$$\frac{1}{3}\pi \times 3^2 \times 3\sqrt{3} = 9\sqrt{3}\,\pi \text{ (cm}^3\text{)}$$

円錐の体積は **P189**

三平方の定理

75 最短の長さ

中3

問題 レベル ★★★

右の図のように，直方体で頂点Aから辺BF，CGを通りHまでひもをかけます。ひもの長さがもっとも短くなるとき，その長さを求めなさい。

解くための材料

最短の長さ → 展開図上で，線分AHの長さになる。

解き方

手順1 側面の展開図は，右の図のようになります。
この展開図上で，最短のひもの長さは，線分AHで表されます。

手順2 △AEHは直角三角形だから，
$$AH^2 = 5^2 + (3+4+3)^2$$
　　　　　　EF+FG+GH
$$= 25 + 100$$
$$= 125$$
AH>0だから，
$$AH = \sqrt{125} = 5\sqrt{5} \text{ (cm)}$$

円柱のときも同じだよ

確率・統計

単元名	回数	項目名	学年	ページ
資料の整理	1	度数分布表	中1	246
	2	ヒストグラム		247
	3	相対度数		248
	4	平均値		249
	5	中央値(メジアン)		250
	6	最頻値(モード)		251
	7	近似値の真の値の範囲		252
	8	有効数字の表し方		253
確率	9	確率の求め方の基本	中2	254
	10	3枚の硬貨		255
	11	起こらない確率		256
	12	2つのさいころの目の数の和		257
	13	2つのさいころの応用		258
	14	2個の玉を同時に取り出す		259
	15	玉を取り出してもとにもどす		260
	16	数字カードをひく		261
	17	くじをひく		262
	18	図形と確率		263
標本調査	19	全数調査と標本調査	中3	264
	20	標本調査の利用		265

資料の整理

1 度数分布表

中1

問題　レベル ★★★

右下の表は，25人の生徒の通学時間を度数分布表に整理したものです。

(1) 通学時間の短いほうから数えて15番目の生徒は，どの階級に入りますか。

(2) 通学時間が10分以上の生徒は，全体の何%ですか。

階級(分)	度数(人)
以上　未満	
0～5	3
5～10	4
10～15	7
15～20	6
20～25	5
合計	25

解くための材料

度数分布表

階級(分)	度数(人)
以上　未満	
0～5	3
5～10	4

階級 …資料を整理するための区間

度数 …階級に入っている資料の個数

解き方

(1) 通学時間の短いほうから，各階級の人数をたしていくと，

　　$3+4+7=14$(人)

　これより，15番目の生徒が入る階級は，

　　15分以上20分未満の階級。

(2) 通学時間が10分以上の生徒の人数は，

　　$7+6+5=18$(人)

　　$18\div 25=0.72$ より，

　　$0.72\times 100=\mathbf{72}$(%)　← 割合を表す0.01→1%　小数で表した割合を百分率で表すには，100倍すればよい

資料の整理

2 ヒストグラム 〈中1〉

問題 レベル ★★☆

右の表は，30人の生徒の50m走の記録を度数分布表に整理したものです。この度数分布表をヒストグラムに表しなさい。

階級(秒)	度数(人)
以上　未満	
6.5〜7.0	3
7.0〜7.5	6
7.5〜8.0	9
8.0〜8.5	7
8.5〜9.0	5
合計	30

解くための材料

ヒストグラム → 階級の幅を底辺，度数を高さとする長方形を順にかく。

解き方

縦軸に度数をとる

階級の幅を底辺，度数を高さとする長方形を順にかく

横軸に階級をとる

階級の幅0.5秒→底辺は0.5
度数3→高さは3

ヒストグラムのことを柱状グラフともいうよ。

資料の整理

3 相対度数

中1

問題 レベル ★★☆

右の表は，20人の生徒の体重を度数分布表に整理したものです。x, y にあてはまる数を求めなさい。

階級(kg)	度数(人)	相対度数
以上 未満		
45〜50	4	0.20
50〜55	7	x
55〜60	y	0.30
60〜65	3	0.15
合計	20	1.00

解くための材料

暗記 相対度数＝$\dfrac{その階級の度数}{度数の合計}$

解き方

各階級の度数の，度数の合計に対する割合を相対度数といいます。

x の値は，50kg以上55kg未満の階級の相対度数です。
この階級の度数は7，度数の合計は20だから，

$x = \dfrac{7}{20} = 0.35$ ← 相対度数＝$\dfrac{その階級の度数}{度数の合計}$

y の値は，55kg以上60kg未満の階級の度数です。
その階級の度数＝相対度数×度数の合計 だから，

$y = 0.3 \times 20 = 6$ (人)

▼y の値は，合計の人数から各階級の度数の和をひいて求めることもできます。
$y = 20 - (4 + 7 + 3) = 6$ (人)

各階級の相対度数をすべてたすと，
0.20+0.35+0.30+0.15=1になるね。
このように，相対度数の合計は1になるよ。

資料の整理

4 平均値

中1

問題 レベル ★★☆

右の表は，20人の生徒のゲームの得点を度数分布表に整理したものです。得点の平均値を，四捨五入して小数第1位まで求めなさい。

階級(点)	度数(人)
以上 未満	
0〜5	4
5〜10	8
10〜15	5
15〜20	3
合計	20

解くための材料

暗記 平均値＝$\dfrac{(階級値×度数)の合計}{度数の合計}$

解き方

度数分布表から平均値を求める場合は，各階級に入っている資料の値を，どれもその階級の<u>階級値</u>とみなします。
　　　　　　　　　　　　↑ 各階級のまん中の値

手順1 各階級について，**階級値×度数**を求めます。

階級(点)	階級値(点)	度数(人)	階級値×度数
以上 未満			
0〜5	2.5	4	10.0
5〜10	7.5	8	60.0
10〜15	12.5	5	62.5
15〜20	17.5	3	52.5
合計		20	**185.0**

↓ (階級値)×(度数)の合計

手順2 平均値は，$\dfrac{185}{20}=9.25(点)$ **答** 9.3点

資料の整理

5 中央値(メジアン)

中1

問題 レベル★★

右の資料は，13人の生徒のハンドボール投げの記録です。記録の中央値を求めなさい。

20	25	17	23	20
27	18	24	32	15
23	30	20	単位はm	

解くための材料

中央値 → 資料の値を大きさの順に並べたときの中央の値。

解き方

資料を小さい順に並べます。

15　17　18　20　20　20　**23**　23　24　25　27　30　32

資料の個数は13で**奇数**なので，中央値は**7番目の値**になります。
これより，中央値は23m

(資料の個数＋1)÷2

こんなときは 資料の個数が偶数のときの中央値

問題 右の資料は，12人の生徒のハンドボール投げの記録です。記録の中央値を求めなさい。

22	24	27	16	23
31	19	29	24	20
17	26	単位はm		

解き方

16　17　19　20　22　**23　24**　24　26　27　29　31

資料の個数が**偶数**のときは，中央値は中央にある2つの値の平均値になります。これより中央値は，$(23+24)÷2=23.5(m)$

資料の整理

6 最頻値（モード）

中1

問題

レベル ★★☆

右の表は，30人の生徒の垂直とびの記録を度数分布表に整理したものです。記録の最頻値を求めなさい。

階級(cm)	度数(人)
以上　未満	
30～35	5
35～40	7
40～45	9
45～50	6
50～55	3
合計	30

解くための材料

暗記 **最頻値** → 度数分布表では，度数がもっとも多い階級の階級値。

解き方

度数分布表で，度数がもっとも多い階級は，

　40cm以上45cm未満の階級。

最頻値は，この階級の**階級値**になるから，

$$\frac{40+45}{2}=42.5\,(\text{cm})$$

▼ヒストグラムでは，度数がもっとも多い階級がひと目でわかる

度数がもっとも多い階級

! 資料が並んでいるときの最頻値

資料の値が与えられている場合の最頻値は，**資料の中で，もっとも多く出てくる値**になります。
たとえば，左ページの上の問題では，最頻値は**20m**になります。

▼代表値とは？

資料の値全体を1つの値で代表させて，いくつかの資料を比べることがあります。
この代表となる値を**代表値**といいます。代表値には，平均値，中央値，最頻値があります。

資料の整理

7 近似値の真の値の範囲　　中1

問題　レベル ★★★

ある数 n を20でわり，商の小数第1位を四捨五入したら8になりました。このような数 n のうちでもっとも小さい数を求めなさい。

解くための材料

小数第1位を四捨五入して8になる数 a の値の範囲 → $7.5 \leq a < 8.5$

解き方

手順1　n を20でわった値は $\dfrac{n}{20}$ と表せます。

$\dfrac{n}{20}$ の小数第1位を四捨五入すると8になるから，

$\dfrac{n}{20}$ の値の範囲は，

$7.5 \leq \dfrac{n}{20} < 8.5$　　図で表すと→

手順2　これより，$\dfrac{n}{20}$ のもっとも小さい値は7.5になります。

したがって，$\dfrac{n}{20} = 7.5$

$n = 7.5 \times 20 = \mathbf{150}$

▼四捨五入した数

四捨五入してある位までの数にするときは，
その位の1つ下の位の数字に着目して，その数字が，
- 0, 1, 2, 3, 4 → 切り捨てる
- 5, 6, 7, 8, 9 → 切り上げる

資料の整理

8 有効数字の表し方

中1

問題　レベル ★★☆

次の近似値の有効数字が（　）内のけた数であるとき、それぞれの近似値を、

　（整数部分が1けたの数）×（10の累乗）

の形で表しなさい。

(1)　25800 m（4けた）　(2)　37450 kg（3けた）

解くための材料

有効数字を整数部分が1けたの数で表す。

解き方

(1) 有効数字は4けたから、

　　2, 5, 8, 0

　　　└─ 整数部分が1けたの数で表す

これより、2.580×10^4 m

　　　　　　↑この0も有効数字なので、必ず書くこと

(2) 有効数字は3けただから、まずはじめに、37450 kg を四捨五入して、百の位までの概数で表します。

37500 kg

有効数字は、3, 7, 5

　　　　　　　└─ 整数部分が1けたの数で表す

これより、3.75×10^4 kg

有効数字を3, 7, 4と考えて、3.74×10^4 kg としてはいけないよ。

四捨五入してから！

確率

9 確率の求め方の基本 中2

問題   レベル ★☆☆

ジョーカーを除く52枚のトランプから1枚ひくとき，次の確率を求めなさい。
(1) そのカードがダイヤである確率
(2) そのカードが絵札である確率

解くための材料

暗記　Aの起こる確率 → $p = \dfrac{a}{n}$ ←Aの起こる場合の数 ←すべての場合の数

解き方

トランプは全部で52枚あるので，この中から1枚ひくとき，全部のひき方は 52通り あります。← すべての場合の数

(1) ダイヤは13枚あるから，そのひき方は 13通り 。← 起こる場合の数
これより，ダイヤをひく確率は，

ことがらの起こる場合の数
↓
$\dfrac{13}{52} = \dfrac{1}{4}$ ← 約分できるときは約分する
↑
すべての場合の数

(2) 絵札はジャック，クイーン，キングの3種類あります。
スペード，クラブ，ハート，ダイヤそれぞれについて，絵札は3枚ずつあるから，そのひき方は，3×4= 12(通り)
これより，絵札をひく確率は，
$\dfrac{12}{52} = \dfrac{3}{13}$

確率

10 3枚の硬貨

中2

問題　レベル ★★☆

3枚の硬貨を同時に投げるとき，次の確率を求めなさい。

(1) 3枚とも表になる確率
(2) 1枚が表で，2枚が裏になる確率

> **解くための材料**
>
> 3枚の硬貨をA，B，Cとして，表と裏の出方を<u>樹形図</u>に表す。

解き方

3枚の硬貨をA，B，Cとして，表と裏の出方を<u>樹形図</u>に表します。

```
A       B       C
        表 ── 表 ◎
表 ─┤        └ 裏
        裏 ── 表
             └ 裏 ○
        表 ── 表
裏 ─┤        └ 裏 ○
        裏 ── 表 ○
             └ 裏
```

表と裏の出方は全部で 8通り 。← すべての場合の数

(1) 3枚とも表になる出方は，◎の場合の 1通り 。← 起こる場合の数

これより，求める確率は，$\dfrac{1}{8}$ ← 確率＝$\dfrac{起こる場合の数}{すべての場合の数}$

(2) 1枚が表で，2枚が裏になる出方は，○の場合の 3通り 。
　　　　　　　　　　　　　　　　　　　↑ 起こる場合の数

これより，求める確率は，$\dfrac{3}{8}$

確率

11 起こらない確率

中2

問題　レベル ★★☆

A，B2つのさいころを同時に投げるとき，少なくとも1つは偶数の目が出る確率を求めなさい。

解くための材料

暗記　Aの起こる確率をpとすると，Aの起こらない確率＝$1-p$

解き方

「少なくとも1つは偶数の目が出る」ということは，「2つとも奇数の目ではない」ということです。

このように考えると，
　2つとも奇数の目ではない確率＝1－2つとも奇数の目が出る確率
で求められます。

手順1　2つのさいころの目の出方は全部で36通り。 ← すべての場合の数

手順2　2つとも奇数の目が出るのは，右の表の■の場合で9通り。← 起こる場合の数
2つとも奇数の目が出る確率は，

$$\frac{9}{36} = \frac{1}{4}$$　← 確率＝$\frac{\text{起こる場合の数}}{\text{すべての場合の数}}$

手順3　これより，少なくとも1つは偶数の目が出る確率は，

$$1 - \frac{1}{4} = \frac{3}{4}$$　← Aの起こらない確率＝$1-p$

確率

12 2つのさいころの目の数の和

中2

問題　　　　　　　　　　　　　　　レベル ★★☆

A，B2つのさいころを同時に投げるとき，次の確率を求めなさい。
(1) 出る目の数の和が9になる確率
(2) 出る目の数の和が4以下になる確率

解くための材料

暗記　2つのさいころの目の出方は全部で36通り。

解き方

2つのさいころの目の出方と出た目の数の和は，右の表のようになります。

目の出方は全部で 36通り。← すべての場合の数

A\B	1	2	3	4	5	6
1	2	3	4	5	6	7
2	3	4	5	6	7	8
3	4	5	6	7	8	9
4	5	6	7	8	9	10
5	6	7	8	9	10	11
6	7	8	9	10	11	12

(1) 和が9になるのは，右の表の■の場合で 4通り。← 起こる場合の数

これより，求める確率は，

$\dfrac{4}{36} = \dfrac{1}{9}$ ← 確率＝$\dfrac{起こる場合の数}{すべての場合の数}$

(2) 和が4以下になるのは，右の表の■の場合で 6通り。← 起こる場合の数

これより，求める確率は，

$\dfrac{6}{36} = \dfrac{1}{6}$

確率

13 2つのさいころの応用　中2

問題　レベル ★★☆

A，B2つのさいころを同時に投げ，Aの出た目の数をa，Bの出た目の数をbとします。$\dfrac{b}{a}$が整数になる確率を求めなさい。

解くための材料

$\dfrac{b}{a}$が整数　→　aはbの約数になる。

解き方

手順1　2つのさいころの目の出方は全部で**36通り**。
↑
すべての場合の数

手順2　$\dfrac{b}{a}$が整数になるとき，aはbの約数になります。
これは右の表の ■ の場合で**14通り**。
↑
起こる場合の数

手順3　これより，求める確率は，

$\dfrac{14}{36} = \dfrac{7}{18}$　← 確率＝$\dfrac{\text{起こる場合の数}}{\text{すべての場合の数}}$

たとえば，$b=6$のときaは6の約数だから，
1，2，3，6
の4通りあるよ。

約数ならわりきれるね!

確率

14 2個の玉を同時に取り出す 〈中2〉

問題　レベル ★★☆

袋の中に，赤玉が3個，白玉が2個入っています。この中から同時に2個の玉を取り出すとき，2個とも同じ色の玉である確率を求めなさい。

解くための材料

赤玉を❶，❷，❸，白玉を①，②として，玉の取り出し方を樹形図に表す。

解き方

手順1 赤玉を❶，❷，❸，白玉を①，②として，玉の取り出し方を樹形図に表します。

❶ ― ❷ ○
　　 ❸ ○
　　 ①
　　 ②

❷ ― ❸ ○
　　 ①
　　 ②

❸ ― ①
　　 ②

① ― ② ○

玉の取り出し方は全部で **10通り**。← すべての場合の数

手順2 2個とも同じ色である取り出し方は，○の場合の **4通り**。← 起こる場合の数
（2個とも赤→3通り、2個とも白→1通り）

手順3 これより，求める確率は，

$$\frac{4}{10} = \frac{2}{5}$$

← 確率＝ $\dfrac{起こる場合の数}{すべての場合の数}$

確率

15 玉を取り出してもとにもどす 中2

問題 レベル ★★☆

袋の中に赤玉が2個，白玉が2個入っています。この中から玉を1個取り出して色を調べ，それを袋にもどします。さらに，玉を1個取り出して色を調べます。2個の玉の色が異なる確率を求めなさい。

解くための材料

1回目の玉の取り出し方が4通り，そのそれぞれについて，2回目の玉の取り出し方も4通り。

解き方

手順1 赤玉を❶，❷，白玉を①，②として，玉の取り出し方を樹形図に表します。

玉の取り出し方は全部で **16通り**。 ← すべての場合の数

手順2 2個の玉の色が異なる取り出し方は，○の場合の **8通り**。 ← 起こる場合の数

手順3 求める確率は， $\dfrac{8}{16} = \dfrac{1}{2}$ ← 確率＝$\dfrac{起こる場合の数}{すべての場合の数}$

確率

16 数字カードをひく 中2

問題 レベル ★★☆

3, 4, 5, 6の4枚のカードがあります。この中から続けて2枚をひき，はじめにひいたカードを十の位，次にひいたカードを一の位として2けたの整数をつくります。この整数が3の倍数になる確率を求めなさい。ただし，ひいたカードはもとにもどさないものとします。

解くための材料

はじめのカードのひき方が4通り，そのそれぞれについて，次のカードのひき方が3通り。

解き方

手順1 2枚のカードのひき方を**樹形図**に表します。

十の位 一の位   十の位 一の位   十の位 一の位   十の位 一の位

3 < 4 / 5 / 6 ○   4 < 3 / 5 ○ / 6   5 < 3 / 4 ○ / 6   6 < 3 ○ / 4 / 5

2枚のカードのひき方は全部で12通り。 ← すべての場合の数

手順2 3の倍数になるひき方は，○の場合の 4通り。

 ↑ 各位の数の和が3の倍数ならば，3の倍数になる   ↑ 起こる場合の数

手順3 求める確率は，$\dfrac{4}{12} = \dfrac{1}{3}$ ← 確率 = $\dfrac{\text{起こる場合の数}}{\text{すべての場合の数}}$

確率

17 くじをひく

中2

問題　レベル ★★☆

4本のうち2本の当たりくじが入っているくじがあります。このくじを，まずAが1本ひき，ひいたくじをもどさないで，続いてBが1本ひきます。A，Bのどちらか1人だけが当たる確率を求めなさい。

解くための材料

当たりくじを❶，❷，はずれくじを③，④として，くじのひき方を樹形図に表す。

解き方

手順1　当たりくじを❶，❷，はずれくじを③，④として，くじのひき方を樹形図に表します。

```
  A   B        A   B        A   B        A   B
      ❷            ❶            ❶○           ❶○
  ❶─③○       ❷─③○       ③─❷○       ④─❷○
      ④○           ④○           ④            ③
```

くじのひき方は全部で **12通り**。 ← すべての場合の数

手順2　どちらか1人だけが当たるひき方は，○の場合の **8通り**。 ← 起こる場合の数

手順3　求める確率は，$\dfrac{8}{12}=\dfrac{2}{3}$ ← 確率 = $\dfrac{起こる場合の数}{すべての場合の数}$

確率

18 図形と確率   中2

問題　レベル ★★★

右の図のような正六角形と，B，C，D，E，Fが書かれたカードが1枚ずつあります。この5枚のカードから同時に2枚をひき，2枚のカードの文字が表す点と点Aを結んで三角形をつくります。この三角形が直角三角形になる確率を求めなさい。

解くための材料

頂点A，B，C，D，E，Fは1つの円周上にある
→ 半円の弧に対する円周角は90°であることを利用する。

解き方

カードのひき方は全部で 10通り 。← B⟨C,D,E,F　C⟨D,E,F　D⟨E,F　E—F

三角形の1辺が **AD** のとき，直角三角形になります。
このとき，D 以外の1点の選び方は，
　B，C，E，F の 4通り 。

A 以外の2点を結ぶ線分が円 **O** の直径のとき，直角三角形になります。
このときの A 以外の2点の選び方は，
　BとE，CとF の 2通り 。

求める確率は，$\dfrac{4+2}{10} = \dfrac{6}{10} = \dfrac{3}{5}$

標本調査

19 全数調査と標本調査

中3

問題 レベル ★☆☆

次の調査は，全数調査と標本調査のどちらで行うとよいですか。
(1) 学校での健康診断　(2) テレビの視聴率調査
(3) 蛍光灯の耐久時間の検査　(4) 国勢調査

🍽 解くための材料

全数調査 → 集団のすべてについて調べる。
標本調査 → 集団の一部について調べ全体を推測する。

🍳 解き方

(1) 学校での健康診断
　…生徒全員が受けるので，**全数調査**。

(2) テレビの視聴率調査
　…すべての世帯を調査することは不可能なので，**標本調査**。
　　↖ 費用，手間などがかかりすぎるので現実的ではない

(3) 蛍光灯の耐久時間の検査
　…すべての蛍光灯を検査することは不可能なので，**標本調査**。
　　↖ すべての蛍光灯を検査すると，売り物として出荷できない

(4) 国勢調査
　…日本国内のすべての人，世帯に対して行われるので，**全数調査**。

標本調査

20 標本調査の利用

中3

問題

レベル ★★☆

袋の中に白玉がたくさん入っています。この袋の中に、白玉と同じ大きさの赤玉75個を入れ、よくかき混ぜてから40個の玉を無作為に取り出したところ、その中に赤玉が5個ふくまれていました。袋の中に入っていた白玉はおよそ何個と考えられますか。十の位までの概数で求めなさい。

解くための材料

標本における赤玉と白玉の割合は、母集団における赤玉と白玉の割合とほぼ等しい。

解き方

手順1 まず、標本における赤玉と白玉の割合を求めます。

取り出した40個の玉における赤玉と白玉の個数の比は、

$$\underset{\text{赤玉}}{5} : \underset{\text{白玉}}{(40-5)} = 5 : 35 = \boxed{1 : 7}$$

手順2 標本における赤玉と白玉の割合は、母集団における赤玉と白玉の割合に等しいことから比例式をつくります。

袋の中に入っていた白玉を x 個とすると、

$$75 : x = 1 : 7$$
$$x = 75 \times 7 = 525$$

$a : b = c : d$ ならば $ad = bc$

これより、白玉はおよそ**530個**。

比例式の解き方は **P107**

用語さくいん

あ **い** 移項 ………………………………… 59,102
等式の一方の辺にある項を，その項の符号を変えて他方の辺に移すこと。

1次関数 …………………………………… 146
y が x の関数で，y が x の1次式で表されるとき，y は x の1次関数であるという。

1次関数のグラフ …………… 150～152
1次関数
$y=ax+b$
のグラフは，傾きが a，切片が b の直線。

1次関数の式 …………………… 147～149
$y=ax+b(a\neq0)$ で表される。

1次式 ……………………………………… 36
1次の項だけか，1次の項と数の項からできている式。

1次式の項 ………………………………… 34
文字が1つだけの項。

1次方程式 ……………………………… 103
整理すると，$ax=b(a, b$ は定数，$a\neq0)$ の形になる方程式。

因数
ある自然数がいくつかの自然数の積の形で表されるとき，その1つ1つの数。

因数分解 ………………………………… 70～76
多項式をいくつかの因数の積として表すこと。

因数分解の公式 ………………… 71～74
$x^2+(a+b)x+ab=(x+a)(x+b)$
$x^2+2ax+a^2=(x+a)^2$
$x^2-2ax+a^2=(x-a)^2$
$x^2-a^2=(x+a)(x-a)$

う 右辺 ………………………………………… 102
等式や不等式で，等号や不等号の右の部分。

え 鋭角 ………………………………………… 207
0°より大きく90°より小さい角。

鋭角三角形
3つの内角がすべて鋭角の三角形。

x座標 …………………………………… 135
座標平面上にある点のx軸の位置を表すもの。

x軸 ……………………………………… 135
座標平面上の原点Oを通る横の数直線。横軸ともいう。☞座標を参照。

円周角 …………………………………… 224
∠APBを$\overset{\frown}{AB}$に対する円周角という。

円周角と弧の定理 ……………………… 226
1つの円で，
● 等しい円周角に対する弧は等しい。
● 等しい弧に対する円周角は等しい。

円周角の定理 …………………………… 224
1つの弧に対する円周角の大きさは一定で，その弧に対する中心角の大きさの半分である。

円周角の定理の逆 ……………………… 227
2点P，Qが直線ABの同じ側にあって，∠APB＝∠AQBならば，4点A，B，P，Qは1つの円周上にある。

円周率
円周の直径に対する割合で，3.14…と限りなく続く数。π で表す。

円錐 ………………………………… 187,189,243
円錐の体積
▶ $V=\dfrac{1}{3}\pi r^2 h$
円錐の表面積

用語さくいん

▶側面積＋底面積

円柱 ・・・・・・・・・・・・・・・・・・・・・・・・・ 185,188
　円柱の体積
　▶ $V = \pi r^2 h$
　円柱の表面積
　▶ $S = 2\pi rh + 2\pi r^2$

お　おうぎ形 ・・・・・・・・・・・・・・・・・・・ 176,187
　2つの半径と弧で囲まれた図形。
　おうぎ形の弧の長さ
　▶ $\ell = 2\pi r \times \dfrac{a}{360}$
　おうぎ形の面積
　▶ $S = \pi r^2 \times \dfrac{a}{360}$, $S = \dfrac{1}{2}\ell r$

か　解 ・・・・・・・・・・・・・・・・・・・・・・ 108,120,130
　方程式を成り立たせる文字の値。

外角 ・・・・・・・・・・・・・・・・・・・・・・・・・ 194,196
　多角形の1辺と、こ
　れととなり合う辺の
　延長とがつくる角。

階級 ・・・・・・・・・・・・・・・・・・・・・・・・・・・・・ 246
　資料を整理するための区間。
　☞度数分布表を参照。

階級値 ・・・・・・・・・・・・・・・・・・・・・・・・・・・ 249
　階級のまん中の値。

階級の幅 ・・・・・・・・・・・・・・・・・・・・・・・・ 247
　区間の幅。

回転移動
　図形を1点を中
　心として一定の
　角度だけ回転さ
　せる移動。
　回転の中心
　→回転移動で、中心とする点。

回転体 ・・・・・・・・・・・・・・・・・・・・・・・・・・・ 182
　1つの直線を軸として、平面図形を1
　回転させてできる立体。
　回転の軸→回転体で、軸にした直線。

解の公式 ・・・・・・・・・・・・・・・・・・・・・・・・ 127
　2次方程式 $ax^2 + bx + c = 0$ の解は,
　$$x = \dfrac{-b \pm \sqrt{b^2 - 4ac}}{2a}$$

角 ・・・・・・・・・・・・・・・・・・・・・・・・・・・・・・・ 172
　1点から出る2本
　の半直線によって
　できる図形。
　角の記号→∠

角錐 ・・・・・・・・・・・・・・・・・・・・ 186,189,242
　角錐の体積
　▶ $V = \dfrac{1}{3}Sh$
　角錐の表面積
　▶側面積＋底面積

角柱 ・・・・・・・・・・・・・・・・・・・・・・・・・ 184,188
　角柱の体積
　▶ $V = Sh$
　角柱の表面積
　▶側面積＋底面積×2

角の二等分線 ・・・・・・・・・・・・・ 172～174,219
　角を2等分する
　半直線。

確率 ・・・・・・・・・・・・・・・・・・・・・・・・・ 254,256
　あることがらの起こることが期待され
　る程度を表す数。起こりうるすべての
　場合が n 通りあり、そのうち、ことが
　らAが起こる場合が a 通りあるとき、
　ことがらAが起こる確率 p は、$p = \dfrac{a}{n}$
　ことがらAが起こらない確率 $= 1 - p$

加減法 ・・・・・・・・・・・・・・・・・・・・・・ 112～114
　連立方程式を解くのに、左辺どうし、
　右辺どうしをたすかひくかして、1つ
　の文字を消去する方法。

267

傾き ………………………………… 147,150
1次関数 $y=ax+b$ のグラフの傾きぐあいを表す数で，x の係数 a に等しい。
☞1次関数のグラフを参照。

仮定 ………………………………… 200
あることがら「○○○ならば□□□」の○○○の部分。☞結論を参照。

加法 ………………………………… 12,95
たし算のこと。

関数 ………………………………… 134
ともなって変わる2つの数量 x, y があって，x の値を決めると，それにともなって y の値がただ1つに決まるとき，y は x の関数であるという。

関数 $y=ax^2$ ………………………… 158
y が x の関数で，$y=ax^2$ で表されるとき，y は x の2乗に比例するという。

関数 $y=ax^2$ のグラフ ……… 159〜161
原点を通り，y 軸について対称な放物線。

$a>0$　y　　　$a<0$　y

き 奇数・偶数 ………………………… 56,81
奇数→2でわりきれない数（1,3,5,…）
偶数→2でわりきれる数（0,2,4,…）

逆 …………………………………… 227,233
あることがらの仮定と結論を入れかえたもの。

逆数 ………………………………… 22
2数(式)の積が1のとき，一方の数(式)を他方の数(式)の逆数という。

球 …………………………………… 190
球の表面積▶ $S=4\pi r^2$
球の体積▶ $V=\dfrac{4}{3}\pi r^3$

共通因数 …………………………… 70
多項式で，各項に共通な因数。

距離 ………………………………… 8,171,173,240
2点間の距離→2点を結ぶ線分の長さ。
点と直線との距離→点から直線にひいた垂線の長さ。
点と平面との距離→点から平面にひいた垂線の長さ。

近似値 ……………………………… 252
真の値ではないが真の値に近い値。

け 係数 ……………………………… 34
文字をふくむ項の数の部分。

結合法則
加法▶ $(a+b)+c=a+(b+c)$
乗法▶ $(a\times b)\times c=a\times(b\times c)$

結論 ………………………………… 200
あることがら「○○○ならば□□□」の□□□の部分。☞仮定を参照。

弦 …………………………………… 237
円周上の2点を結ぶ線分。

原点 ………………………………… 8,135
数直線上で，0が対応している点。
座標平面上で，x 軸と y 軸の交点。

減法 ………………………………… 13,95
ひき算のこと。

こ 弧 ………………………………… 176,226
円周の一部分。
→弧の記号

項 …………………………………… 14,34,46
加法だけの式で，加法の記号＋で結ばれた1つ1つの文字式や数。

交換法則
加法▶ $a+b=b+a$
乗法▶ $a\times b=b\times a$

交点 ………………………………… 155,170
2直線が交わるとき，その交わる点。

合同 ………………………………… 198

移動によって、重ね合わせることができる2つの図形は合同であるという。
合同の記号→≡

公倍数 ……………………………… **69, 106**
いくつかの整数に共通な倍数。
最小公倍数→もっとも小さい公倍数。

公約数 ……………………………………… **69**
いくつかの整数に共通な約数。
最大公約数→もっとも大きい公約数。

誤差
近似値と真の値との差。

根号（√ ） ………………………………… **83**
平方根を表す記号で、「ルート」と読む。

さ

差 ……………………………………………… **13**
減法の結果。

最頻値 …………………………………… **251**
資料の値の中でもっとも多く出てくる値。度数分布表では、度数がもっとも多い階級の階級値。モードともいう。

錯角 ……………………………………… **192**
2つの直線に1つの直線が交わるとき、右のような位置にある角。

座標 ……………………………………… **135**
座標平面上にある点の位置をx座標a、y座標bを使って、(a, b)と表したもの。点Pの座標は$(2, -3)$と表す。

座標軸 …………………………………… **135**
x軸とy軸を合わせたよび方。

座標平面
座標軸のかかれている平面。

左辺 ……………………………………… **102**
等式や不等式で、等号や不等号の左の部分。

三角形と比の定理 ……………………… **218**
DE∥BC ならば、
AD：AB
=AE：AC
=DE：BC
AD：DB=AE：EC

三角形の外角の性質 …………………… **194**
三角形の外角は、それととなり合わない2つの内角の和に等しい。

三角形の記号△ ………………………… **199**
三角形ABCを、記号△を使って△ABCと表す。

三角形の合同条件 ……………………… **199**
❶ 3組の辺がそれぞれ等しい。

❷ 2組の辺とその間の角がそれぞれ等しい。

❸ 1組の辺とその両端の角がそれぞれ等しい。

三角形の相似条件 ……………………… **215**
❶ 3組の辺の比がすべて等しい。

❷ 2組の辺の比とその間の角がそれぞれ等しい。

❸ 2組の角がそれぞれ等しい。

三角形の高さ ・・・・・・・・・・・・・・・・・・ 175
三角形の頂点からそれに向かい合う辺にひいた垂線の長さ。

三角形の内角の性質 ・・・・・・・・・・・・・・ 194
三角形の3つの内角の和は180°

三平方の定理 ・・・・・・・・・・・・・・・・・・ 232
直角三角形の直角をはさむ2辺の長さを a, b, 斜辺の長さを c とすると, $a^2+b^2=c^2$
ピタゴラスの定理ともいう。

三平方の定理の逆 ・・・・・・・・・・・・・・ 233
三角形の3辺の長さ a, b, c の間に, $a^2+b^2=c^2$ という関係が成り立つとき, この三角形は長さ c の辺を斜辺とする直角三角形である。

し 式の値 ・・・・・・・・・・・・ 33,55,78,79,100
式の中の文字に数を代入して計算した結果。

指数 ・・・・・・・・・・・・・・・・・・・・・・・・・・・・ 19,30
同じ数や文字をいくつかけ合わせたかを示す右かたの小さな数。累乗の指数ともいう。 2^3←指数

次数 ・・・・・・・・・・・・・・・・・・・・・・・・・・・・・・ 46
単項式の次数→かけ合わされている文字の個数。
多項式の次数→各項の次数のうちで, もっとも大きいもの。

自然数 ・・・・・・・・・・・・・・・・・・・・・・・ 58,131
正の整数1, 2, 3, …。0はふくまない。

四則 ・・・・・・・・・・・・・・・・・・・・・・・・・・・・・・ 26
加法, 減法, 乗法, 除法を合わせたよび方。

斜辺 ・・・・・・・・・・・・・・・・・・ 206,207,232
直角三角形で, 直角に対する辺。

縮尺
縮図上の長さの, 実際の長さに対する割合。

樹形図 ・・・・・・・・・・・・・・・・ 255,259〜262
場合の数を求めるときに利用する右のような枝分かれした図。

循環小数
無限小数のうち, ある位以下の数字が決まった順序でくり返される小数。

商 ・・・・・・・・・・・・・・・・・・・・・・・・・ 21,31,109
わり算の結果。

消去 ・・・・・・・・・・・・・・・・・・・・・・・・・・・・ 112
x, y についての連立方程式から x または y をふくまない方程式を導くこと。

象限 ・・・・・・・・・・・・・・・・・・・・・・・・・・・・ 141
座標平面を4つに分けた範囲。

第2象限	第1象限
第3象限	第4象限

乗法 ・・・・・・・・・・・・・・・・・・・・・・・・・ 16,89
かけ算のこと。

乗法公式 ・・・・・・・・・・・・・・・・・・・・ 62〜65
$(x+a)(x+b)=x^2+(a+b)x+ab$
$(x+a)^2=x^2+2ax+a^2$
$(x-a)^2=x^2-2ax+a^2$
$(x+a)(x-a)=x^2-a^2$

除法 ・・・・・・・・・・・・・・・・・・・・・・・・・・ 21,90
わり算のこと。

す 垂線 ・・・・・・・・・・・・・・・・・・・・・・ 174,175
ある直線, または平面に垂直に交わっている直線。

垂直二等分線 ・・・・・・・・・・・・・・ 170,171
線分の中点を通り, その直線と垂直に交わる直線。

垂直の記号⊥ ・・・・・・・・・・・・・・・・・・ 181
直線ABとCDが垂直→AB⊥CD

用語さくいん

せ 正角錐 ……………………………… **186**
底面が正多角形で，側面がすべて合同な二等辺三角形である角錐。

正角柱
底面が正多角形で，側面がすべて合同な長方形である角柱。

正三角形 ……………………………… **235**
3つの辺がすべて等しい三角形。
正三角形の高さ
▶ $h = \dfrac{\sqrt{3}}{2} a$
正三角形の面積
▶ $S = \dfrac{\sqrt{3}}{4} a^2$

整数 ………………………………… **57,80**
…, −3, −2, −1, 0, 1, 2, 3, …

正多面体
どの面もすべて合同な正多角形で，どの頂点にも面が同じ数だけ集まっている，へこみのない多面体。正多面体は，正四面体，正六面体，正八面体，正十二面体，正二十面体の5種類。

正の数 ………………………………… **8,9**
0より大きい数。
正の符号→正の数を表す符号＋。

正比例
比例のこと。

正方形 ……………………………… **234**
4つの辺，4つの角がすべて等しい四角形。
→正方形の対角線は長さが等しく，垂直に交わる。

積 …………………………………… **16,30**
乗法の結果。

接する
直線と円が1点で交わるとき，この直線は円に接するという。

接線 ……………………………… **228,229,238**
円の接線は，接点を通る半径に垂直。

絶対値 ……………………………… **10,134**
数直線上で，ある数に対応する点と原点との距離。

接点 ……………………………… **228**
円と接線が接する点。☞接線を参照。

切片 ……………………………… **147,150**
1次関数 $y = ax + b$ のグラフが y 軸と交わる点の y 座標で b の値。
☞1次関数のグラフを参照。

全数調査 ……………………………… **264**
調査の対象となる集団のすべてのものについて調べる方法。

線対称 ……………………………… **159**
1つの直線を折り目として折ったとき，折り目の両側がぴったり重なること。

線分 ……………………………… **170**
直線の一部で両端のあるもの。 A———B 線分AB

そ 素因数 ……………………………… **69**
素数である因数。

素因数分解 ……………………………… **68,69**
自然数を素因数の積で表すこと。

双曲線 ……………………………… **141**
反比例のグラフで，2つのなめらかな曲線。☞反比例のグラフを参照。

相似 ……………………………… **214**
ある図形を，一定の割合で拡大や縮小した図形は，もとの図形と相似であるという。相似の記号→∽

相似比 ……………………………… **214,222,223**
相似な図形で，対応する線分の長さの比，または，比の値。
面積の比→相似比の2乗に等しい。
体積の比→相似比の3乗に等しい。

271

相対度数 ……………………………… 248
各階級の度数の，度数の合計に対する割合。
$$相対度数 = \frac{その階級の度数}{度数の合計}$$

相対度数の度数折れ線
相対度数を折れ線グラフに表したもの。

側面図
投影図で，立体を真横から見た図。

側面積 ……………………………… 184～187
立体の側面全体の面積。

素数 ………………………………………… 68
1とその数自身のほかに約数がない数。ただし，1は素数ではない。

た

対角 ………………………………………… 208
四角形の向かい合う角。

対角線 ………………………………… 178, 234, 241
多角形のとなり合わない頂点を結ぶ線分。

対称移動
図形を1つの直線を折り目として折り返す移動。

対称の軸→対称移動で，折り目とした直線。

対称な点 …………………………………… 135

対称の中心
点対称な図形の回転の中心となる点。

対頂角 …………………………………… 192
2つの直線が交わったときにできる向かい合った角。

代入 ………………………………………… 33
式の中の文字を数でおきかえること。

代入法 …………………………………… 115
連立方程式を解くのに，一方の式をもう一方の式に代入して，1つの文字を消去する方法。

代表値 …………………………………… 251
資料全体のようすを1つの数値を用いて代表させるような値。

対辺 ………………………………………… 209
四角形の向かい合う辺。

多角形 …………………………………… 196
線分だけで囲まれた図形。

多項式 ……………………………………… 46
単項式の和の形で表された式。

多面体
平面だけで囲まれた立体。

単項式 ……………………………………… 46
数や文字についての乗法だけでできている式。1つの文字や1つの数も単項式。

ち

中央値 …………………………………… 250
資料の値を大きさの順に並べたときの中央の値。メジアンともいう。

中心角 ………………………………… 176, 177
円やおうぎ形で，2つの半径のつくる角。

中点 ……………………………………… 170
線分を2等分する点。

中点連結定理 ………………………… 220, 221
三角形の2辺の中点を結ぶ線分は，残りの辺に平行で，長さはその半分に等しい。
MN∥BC
$MN = \frac{1}{2}BC$

頂角 ……………………………………… 202
二等辺三角形で，長さの等しい2辺の間の角。☞二等辺三角形を参照。

長方形 ･････････････････････････ 234
4つの角がすべて等しい四角形。→長方形の対角線の長さは等しい。

直線 ･････････････････････････ 180
まっすぐに限りなくのびている線。
直線AB

直角三角形の合同条件 ･････････ 206,207
❶斜辺と他の１辺がそれぞれ等しい。

❷斜辺と１つの鋭角がそれぞれ等しい。

て 底角 ･････････････････････････ 202
二等辺三角形で、底辺の両端の角。
☞二等辺三角形を参照。

定義
ことばの意味をはっきり述べたもの。

定数 ･････････････････････････ 134
決まった数や決まった数を表す文字。

定数項
数だけの項。

底辺
三角形や二等辺三角形で、頂角に対する辺。
☞二等辺三角形を参照。

底面積 ･････････････････････ 184〜187
立体の１つの底面の面積。

定理 ･････････････････････････ 218
証明されたことがらのうち、それを根拠として他の証明によく使われるもの。

展開 ･････････････････････････ 61
単項式と多項式、あるいは多項式と多項式の積の形の式を、単項式の和の形の式に表すこと。

展開の公式
▶ $(a+b)(c+d)=ac+ad+bc+bd$

展開図 ･････････････････････ 184〜187
立体を切り開いて、平面に広げた図。

点対称
１点を中心として180°回転させたとき、もとの図形にぴったり重なること。

点対称移動
180°の回転移動。

と 同位角 ･････････････････････････ 192
２つの直線に１つの直線が交わるとき、右のような位置にある角。

投影図 ･････････････････････ 183
立体をある方向から見て平面に表した図。正面から見た図を立面図、真上から見た図を平面図という。

等式 ･････････････････････････ 44
等号を使って、２つの数量が等しい関係を表した式。

等式の性質 ･････････････････ 102
$A=B$ ならば、
①$A+C=B+C$ ②$A-C=B-C$
③$A\times C=B\times C$ ④$A\div C=B\div C$
($C\neq 0$)

等式の変形 ･････････････････ 59
等式を、方程式を解く要領で、
(解く文字)＝〜の形に変形すること。

等積変形
ある図形を、その面積を変えずに形だけを変えること。

同様に確からしい
あることがらの起こりうるすべての場合の1つ1つがどれも同じ程度に期待できるとき,どの結果が起こることも同様に確からしいという。

同類項 ･･････････････････････････････ **47**
文字の部分がまったく同じである項。

度数 ･･････････････････････････････ **246**
それぞれの階級に入っている資料の個数。☞度数分布表を参照。

度数折れ線
ヒストグラムで,それぞれの長方形の上の辺の中点を順に結んだグラフ。度数分布多角形ともいう。

度数分布表 ････････････････････････ **246**
資料をいくつかの階級に分け,階級ごとにその度数を示した表。

階級(分)	度数(人)
以上 未満	
0 〜 5	3
5 〜 10	4
10 〜 15	7
15 〜 20	6
20 〜 25	5
合 計	25

階級 → 0〜5　3 ← 度数

鈍角
90°より大きく180°より小さい角。

鈍角三角形
1つの内角が鈍角の三角形。

な 内角 ･･････････････････････････ **194,196**
多角形のとなり合う2辺によってできる角のうち,その内部にできる角。

に 2元1次方程式 ･･････････････････ **154**
2つの文字をふくむ1次方程式。

2元1次方程式のグラフ ･･････････････ **154**
2元1次方程式 $ax+by=c$ のグラフは直線。特に,$y=k$ のグラフは点$(0, k)$ を通り,x軸に平行な直線で,$x=h$ のグラフは点$(h, 0)$を通り,y軸に平行な直線。

2次方程式 ･･･････････････････････ **124**
$ax^2+bx+c=0 (a, b, c$ は定数,$a \neq 0)$ の形になる方程式。
☞解の公式を参照。

二等辺三角形 ･････････････････････ **202**
2つの辺が等しい三角形。

二等辺三角形になる条件 ･････････････ **205**
2つの角が等しい三角形は,等しい角を底角とする二等辺三角形である。

二等辺三角形の性質 ･･･････････ **202〜204**
❶2つの底角は等しい。
❷頂角の二等分線は,底辺を垂直に2等分する。

ね ねじれの位置 ･･･････････････････ **180**
空間で,平行でなく,交わらない2直線の位置関係。

は 場合の数 ･････････････････････ **254**
あることがらの起こり方が全部でn通りあるとき,nをそのことがらの起こる場合の数という。

π(パイ) ･････････････････････････ **176**
円周率を表すギリシャ文字。

倍数 ･･･････････････････････････ **57,58,81**
ある整数に整数をかけてできる数。

範囲 252
資料の最大の値と最小の値との差。レンジともいう。

半球 190
球をその中心を通る平面で半分に切ったときにできる立体。

半直線 172
直線の一部で端が1つのもの。 半直線AB

反比例 140
y は x の関数で，$y=\dfrac{a}{x}$ で表されるとき，y は x に反比例するという。

反比例のグラフ 141,142
原点について対称な2つのなめらかな曲線。双曲線という。

$a>0$　　　　$a<0$

反例 181
あることがらが成り立たない例。

ひ ひし形
4つの辺がすべて等しい四角形。→ひし形の対角線は垂直に交わる。

ヒストグラム 247,251
階級の幅を底辺，度数を高さとする長方形を順にかいて，度数の分布のようすを表したグラフ。柱状グラフともいう。

比の値
比 $a:b$ で，a を b でわった $\dfrac{a}{b}$ のこと。

百分率 42
割合を表す $\dfrac{1}{100}$（または0.01）を1パーセントといい，1％と書く。％で表した割合を百分率という。

標本 265
標本調査のために母集団から取り出した一部分。

標本調査 264,265
集団の中から一部分を取り出して調べ，その結果から集団全体の傾向を推定する方法。

表面積 .... 184～187
立体のすべての面の面積の和。

比例 136
y は x の関数で，$y=ax$ で表されるとき，y は x に比例するという。

比例式 107
比 $a:b$ と比 $c:d$ が等しいことを表す等式 $a:b=c:d$

比例式の性質 107
$a:b=c:d$ ならば，$ad=bc$

比例定数 136,140,158
比例の式 $y=ax$，反比例の式 $y=\dfrac{a}{x}$，$y=ax^2$ の a の値。

比例のグラフ 137,138
比例のグラフは，原点を通る直線。

$a>0$　　　　$a<0$

ふ 歩合 43
割合を表す $\dfrac{1}{10}$（または0.1）を1割，$\dfrac{1}{100}$（または0.01）を1分，$\dfrac{1}{1000}$（または0.001）を1厘といい，このように表した割合を歩合という。

複号（±） 83,124
＋（プラス）と－（マイナス）をいっしょに表した記号±

不等号 ……………………………… 11,45,85,86
数や式の大小を表す記号＜，＞，≦，≧
a は b 未満→$a<b$
a は b より大きい→$a>b$
a は b 以下→$a≦b$
a は b 以上→$a≧b$

不等式 ……………………………………… 45
数や式の大小を不等号を使って表した式。

負の数 ……………………………………… 8,9
0より小さい数。
負の符号→負の数を表す符号－

分配法則 ………………………… 28,49,60,104
$a(b+c)=ab+ac$, $(a+b)c=ac+bc$

分母をはらう ……………………………… 106
係数に分数をふくむ方程式を，両辺に分母の公倍数をかけて，分数をふくまない形に直すこと。

へ **平均（平均値）** …………………………… 29,249
資料の値を等しい大きさになるようにならした値。平均＝合計÷個数
度数分布表の平均値

▶平均値＝$\dfrac{(階級値×度数)の合計}{度数の合計}$

平行移動
図形を一定の方向に一定の距離だけずらす移動。

平行四辺形 ………………………………… 208
2組の対辺がそれぞれ平行な四角形。
平行四辺形の記号→▱

平行四辺形になるための条件 …… 211,221
❶2組の対辺がそれぞれ平行。（定義）
❷2組の対辺がそれぞれ等しい。
❸2組の対角がそれぞれ等しい。
❹対角線がそれぞれの中点で交わる。
❺1組の対辺が平行で，その長さが等しい。

平行四辺形の性質 ………………… 209,210
❶2組の対辺はそれぞれ等しい。
❷2組の対角はそれぞれ等しい。
❸対角線はそれぞれの中点で交わる。

平行線と線分の比の定理 ………………… 217
2直線がいくつかの平行線と交わるとき，平行線で切り取られる線分の長さの比は等しい。
AB：BC＝DE：EF
AB：AC＝DE：DF

平行線と面積 ……………………………… 212
△PABと△QABの頂点P，Qが直線ABについて同じ側にあるとき，
PQ／／ABならば，
△PAB＝△QAB

平行の記号／／ ……………………………… 181,192
直線ABとCDが平行→AB／／CD

平方 ………………………………………… 74
2乗のこと。

平方根 ……………………………………… 82
2乗して a になる数を a の平方根という。

平方数 ……………………………………… 84
整数の2乗の形で表される数。

平面図 ……………………………………… 183
投影図で，立体を真上から見た図。
☞投影図を参照。

変域 ………………………… 139,143,153,162
変数のとりうる値の範囲。

変化の割合 ………………………… 146,163,164
x の増加量に対する y の増加量の割合。

▶変化の割合＝$\dfrac{y の増加量}{x の増加量}$

変数 ………………………………………… 134
いろいろな値をとることのできる文字。

ほ **方程式** ……………………………… 102,112,124

276

式の中の文字に特別な値を代入すると成り立つ等式。

方程式を解く ················ 102,112,124
方程式の解をすべて求めること。

放物線 ···················· 159,165〜168
☞関数 $y=ax^2$ のグラフを参照。

母集団 ·································· 265
調査の対象となる集団全体。

補助線 ····························· 193,195
問題を解くためにかき加える直線。

母線 ····································· 182
回転体で，側面をつくるもとになった線分。☞回転体を参照。

ま　み　見取図 ····························· 182
立体の全体の形がわかるようにかかれた図。

む　無限小数
限りなく続く小数。

無作為に抽出する
母集団の中から，かたよりなく標本を取り出すこと。

無理数 ·································· 88
整数 a と0でない整数 b を使って，$\frac{a}{b}$
と分数の形で表すことができない数。

め　メジアン ······························· 250
中央値のこと。

も　モード ································· 251
最頻値のこと。

文字式 ·································· 30
文字を使って表した式。

や　や　約数 ································· 258
ある整数をわりきることのできる整数。1とその数自身も約数。

ゆ　有限小数
ある位で終わる小数。

有効数字 ································ 253
近似値を表す数字のうち,信頼できる数字。

有理化 ·································· 94
分母に根号をふくむ数を，分母に根号をふくまない形に変形すること。

有理数 ·································· 88
整数 a と0でない整数 b を使って，$\frac{a}{b}$
と分数の形で表すことのできる数。

ら　り　立方
3乗のこと。

立面図 ·································· 183
投影図で，立体を正面から見た図。
☞投影図を参照。

両辺 ···································· 102
等式や不等式で，左辺と右辺を合わせたもの。

る　累乗 ···································· 19
2^3，a^2 のように，同じ数や文字をいくつかかけたもの。
累乗の指数☞指数を参照。

ルート ·································· 83
根号の記号 $\sqrt{}$ の読み方。

れ　連立方程式 ······················· 112,155
2つ以上の方程式を組み合わせたもの。
連立方程式の解き方☞加減法，代入法を参照。

わ　わ　和 ······································ 12
加法の結果。

y座標 ·································· 135
座標平面上にある点の y 軸の位置を表すもの。

y軸 ···································· 135
座標平面上の縦の数直線。縦軸ともいう。☞座標を参照。

割合 ····························· 42,43,111,123
ある量をもとにして，比べられる量がもとにする量の何倍にあたるかを表した数。
割合＝比べられる量÷もとにする量

キーワードさくいん

あ い 1次関数のグラフ　150〜152
　　　1次式　36
　　　1次方程式　102〜106
　　　因数分解　70〜76
　　え 円　171,178
　　　円周角　224〜227
　　お おうぎ形　176,177,179

か か カード　261,263
　　　回転体　182,191
　　　解と係数　108,120,130
　　　解の公式　127
　　　角の二等分線　172,173,205,219
　　　加減　14,36,48,50,51,95,96
　　　加減法　112〜114
　　　かっこ　15,27,97,104,116,128
　　　加法　12
　　き 奇数　56,81
　　　逆数　22
　　　共通因数　70,75
　　　距離　173,240
　　く 偶数　56,256
　　　くじ　262
　　　くふうする計算　28,77,100
　　　グラフをかく　137,141,150,151,159
　　け 係数　34,113,114,120
　　　弦　237
　　　原価　111
　　　減法　13
　　こ 項　14,34,46
　　　硬貨（コイン）　255
　　　交点　155,167,168
　　　合同　198〜201,206,207,230
　　　弧の長さ　176
　　　根号　83,87,89〜99

さ さ さいころ　256〜258
　　　最小公倍数　106,114,118,129
　　　作図　170〜175,229
　　し 式の値　33,55,78,79,100
　　　式を求める　136,140,147〜149,158
　　　指数　19,20,52
　　　時速　41,122
　　　自然数　58,69,84,87,131
　　　四則　26,32,97
　　　乗除　24,25,39,49,54,60,93
　　　小数　105,117,129
　　　乗法　16〜18,20,52,89,92
　　　乗法公式　62〜67,77,78,98,99
　　　食塩水　42
　　　除法　21,23,38,53,90
　　す 垂線　174,175
　　　垂直二等分線　170,171
　　　数直線　8
　　せ 整数　10,80,109
　　　正負の数　11,29
　　　接線　228,229,238
　　　絶対値　10,134
　　そ 素因数分解　68,69
　　　増加・減少　9,123
　　　相似　214〜216,222,223,231

た た 対角線　234,241
　　　代金　40,43,44,121
　　　対称　135
　　　大小　11,85,86
　　　体積　188〜191,242,243
　　　体積の比　223
　　　代入　33,55,78,79,100

キーワードさくいん

	代入法	115
	高さ	175,235
	多項式	46,48〜50,60,61
	玉(確率，標本調査)	259,260,265
	単項式	52〜54,60
ち	中点	170,210,211
	中点連結定理	220,221
	直角三角形	206,207
つ	通分	51
て	定価	111
	点(動点の問題)	132
	展開	61〜66
と	投影図	183
	等式	44,59
	同類項	47,48,50,51
	トランプ	254

な
に	2次方程式	124〜129
	2等分	157,213
の	濃度	42

は
は	倍数	57,58,81
	速さ	41,122
	反対の性質	9
	反比例のグラフ	141,142,144,145
ひ	表面積	184〜187,190
	比例式	107
	比例のグラフ	137,138,145
ふ	不等号	11,45,85,86
	不等式	45
	分数	17,23,25,51,106,118,129
	分配法則	28,49,60,104
	分母をはらう	106,118
へ	平均	29,249
	平行四辺形	208〜212
	平行線	193,212,217
	平方根($\sqrt{}$)	82〜86,100,124
	変域	139,143,153,162

	変化の割合	146,163,164
ほ	放物線	165〜168

ま
み	道のり	41,122
	見取図	182
む	無理数	88
め	面積を求める	156,176,178,179,222
	面積の比	222
も	文字式	30〜32

や
や	約数	258
ゆ	有理化	94
	有理数	88

ら
る	累乗	19,20,27,54
れ	連続する	57,80,81,131
	連立方程式	112〜119,155

わ
わ	$y=ax^2$のグラフ	159〜161
	割合	42,43,111,123
	割引き	43,111

編集協力	（有）アズ	
イラスト	さとうさなえ	
図版	（有）アズ	
DTP	（株）明昌堂	
表紙デザイン	山口秀昭（StudioFlavor）	

この本は下記のように環境に配慮して製作しました。
・製版フィルムを使用しないCTP方式で印刷しました。
・環境に配慮した紙を使用しています。

中学数学の解き方をひとつひとつわかりやすく。

編　者	学研教育出版	◎この本に関する各種お問い合わせ先
発行人	松原史典	〈電話の場合〉
編集人	黒田隆暁	・編集内容については　03-6431-1549（編集部直通）
編集長	志村俊幸	・在庫，不良品（乱丁・落丁）については
発行所	株式会社 学研教育出版	03-6431-1199（販売部直通）
	〒141-8413	〈文書の場合〉
	東京都品川区西五反田2-11-8	〒141-8418　東京都品川区西五反田2-11-8
発売元	株式会社 学研マーケティング	学研お客様センター
	〒141-8415	「中学数学の解き方をひとつひとつわかりやすく。」係
	東京都品川区西五反田2-11-8	◎この本以外の学研商品に関するお問い合わせ先
印刷所	株式会社 リーブルテック	03-6431-1002（学研お客様センター）

©Gakken Education Publishing 2014 Printed in Japan
本書の無断転載，複製，複写（コピー），翻訳を禁じます。本書を代行業者等の第三者に依頼してスキャンやデジタル化することは，たとえ個人や家庭内の利用であっても，著作権法上，認められておりません。